Airpak 学习教程与应用实例

主　编　孙丽颖　张心雨　顾　璇

哈尔滨工程大学出版社
Harbin Engineering University Press

内容简介

《Airpak 学习教程与应用实例》是利用 Airpak 软件进行室内空气流动数值模拟的一本入门书籍，详细介绍了 Airpak 软件的理论基础、操作方法和应用实例。全书共分 6 章，第 1 章介绍计算流体力学的基础知识；第 2 章为 Airpak 软件的基本介绍，包括软件的功能及结构、主界面和基本操作等内容；第 3 章介绍 Airpak 软件模型的建立，其中包括室内物体、风口、人体、房间围护结构等模型的建立；第 4 章介绍模拟计算与结果导出，其中包括网格生成、瞬态计算、组分输运、结果后处理等；第 5 章介绍教程中的基本算例；第 6 章为 Airpak 软件应用于室内空气流动数值模拟的计算实例。

本书可作为土木工程、动力、能源、航空航天、环境等专业领域的研究生、本科生及科研人员的参考书。

图书在版编目（CIP）数据

Airpak 学习教程与应用实例／孙丽颖，张心雨，顾璇主编．—哈尔滨：哈尔滨工程大学出版社，2020.12（2024.3 重印）
ISBN 978 - 7 - 5661 - 2824 - 9

Ⅰ.①A… Ⅱ.①孙… ②张… ③顾… Ⅲ.①室内空气 - 空气流动 - 数值模拟 - 应用软件 - 教材
Ⅳ.①TU834.8 - 39

中国版本图书馆 CIP 数据核字（2020）第 196003 号

选题策划 马佳佳
责任编辑 夏飞洋　王雨石
封面设计 李海波

出版发行　哈尔滨工程大学出版社
社　　址　哈尔滨市南岗区南通大街 145 号
邮政编码　150001
发行电话　0451 - 82519328
传　　真　0451 - 82519699
经　　销　新华书店
印　　刷　哈尔滨午阳印刷有限公司
开　　本　787 mm×1 092 mm　1/16
印　　张　12.25
字　　数　300 千字
版　　次　2020 年 12 月第 1 版
印　　次　2024 年 3 月第 4 次印刷
定　　价　39.80 元

http://www.hrbeupress.com
E-mail:heupress@ hrbeu.edu.cn

前　言

室内气流分布的数值模拟对改善室内空气环境与优化送回风设计方案具有重要意义。随着计算机技术、数值计算技术的发展，计算机数值模拟已成为进行室内气流环境研究的重要方法。由于此方法具有成本低、周期短、结果详细、实用性强等优势，其在通风空调领域的应用日益广泛。

Airpak 3.0 软件是美国 FLUENT 公司开发的商用 CFD 模拟软件，该软件属于专业人工环境系统分析软件，它可以准确地模拟通风空调的空气品质、空气流动、污染、传热和舒适度等问题，并提供衡量热舒适性和室内空气品质（IAQ）的技术指标。这使得研究人员可以对室内气流组织进行科学的预测，从而降低设计风险，减少设计成本，缩短设计周期。

Airpak 软件具有以下特点：(1) 建模快速。Airpak 采用基于"object"的建模方式，可以运用"block"指令来建立各种物体的模型，利用"wall"指令来建立墙体模型，并可以同时定义墙体的边界条件和一些相关的物性参数，利用"opening"指令可以建立送风口模型，对送风参数也可以快速设定。Airpak 可以通过 IGES 和 DXF 格式导入 CAD 软件的几何体，对于一些复杂的模型，可以先利用 CAD 软件画出相应的图形，然后再倒入 Airpak，这样可以大大减少建模时间。(2) 自动的网格划分功能。Airpak 可以自动地生成非结构化、结构化网格。在生成网格时，可以运用"mesh"指令，先生成粗略的网格，然后在此基础上生成精密网格，对于局部区域，可以进行局部区域的网格加密，网格生成中支持四面体、六面体及混合网格，因而可以在模型上生成高质量的网格。Airpak 软件同时还提供了生成网格质量检测的功能。(3) 强大的报告和可视化工具。Airpak 提供了强大的后期数值报告，模拟计算完成后，可以通过相关指令来观察某一平面的浓度场云图、温度场云图、PMV 云图、PPD 云图等，并且可以生成相应的速度矢量图。此外，还可以模拟粒子运动路径的动画，出错时可利用它来查找错误。对于瞬态计算，还可以查看某一点在某一时刻的温度值、浓度值、PMV 值、空气龄值等参数。

为便于研究人员学习和掌握 Airpak 软件的操作方法，能够利用 Airpak 软件对工程中的一些实际问题进行模拟研究，本书对 Airpak 软件的理论基础、操作方法和应用实例进行了介绍。本书主要依据 Airpak 3.0 User's Guide 文件翻译而成。全书共分 6 章，第 1 章介绍计算流体力学的基础知识；第 2 章主要介绍 Airpak 软件的功能及结构、主界面和基本操作等；第 3 章介绍 Airpak 软件模型的建立，其中包括室内物体、风口、人体、房间围护结构等模型的建立；第 4 章介绍模拟计算与结果导出，其中包括网格生成、瞬态计算、组分输运、结果后处理等内容；第 5 章介绍教程中的部分基本算例；第 6 章介绍了应用 Airpak 软件进行室内空气流动数值模拟的计算实例。希望本书能为从事室内空气流动数值模拟研究的学生及科研人员提供参考。

由于编者水平所限，书中难免有不妥和疏漏之处，恳请读者给予批评指正。

编　者
2020 年 8 月

目　录

第 1 章　计算流体力学基础 ··· 1
 1.1　描述空气流动的基本方程 ·· 1
 1.2　湍流 ··· 3
 1.3　浮力驱动的流动和自然对流 ·· 13
 1.4　辐射 ··· 15
 1.5　求解进程 ·· 20

第 2 章　Airpak 软件介绍 ·· 32
 2.1　Airpak 的结构和功能 ·· 32
 2.2　Airpak 的主界面和操作系统 ··· 35
 2.3　Airpak 的文件系统 ··· 51
 2.4　Airpak 的基础设置 ··· 57
 2.5　单位系统 ·· 68

第 3 章　Airpak 模型建立 ·· 70
 3.1　在 Airpak 中创建一个对象 ·· 70
 3.2　房间围护结构的建模 ··· 77
 3.3　风口建模 ·· 81
 3.4　室内物体建模 ··· 85
 3.5　房间隔断建模 ··· 87
 3.6　风机模型 ·· 88
 3.7　人体模型 ·· 93
 3.8　源模型 ·· 94
 3.9　其他模型 ·· 97

第 4 章　模拟计算与结果导出 ··· 104
 4.1　辐射计算 ·· 104
 4.2　组分输运计算 ··· 110
 4.3　瞬态模拟 ·· 113
 4.4　生成网格 ·· 118
 4.5　求解计算 ·· 126
 4.6　结果后处理 ·· 132

第 5 章 基本算例 ··· 147
5.1 房间通风的模拟算例 ·· 147
5.2 通风条件下室内污染物分布的模拟算例 ····························· 159

第 6 章 Airpak 软件应用实例 ·· 173
6.1 室内气流分布的评价指标 ··· 173
6.2 办公室应用辐射供暖加新风系统的气流组织研究 ················· 175
6.3 孔板送风房间内污染物分布的模拟研究 ···························· 183

参考文献 ··· 189

第1章　计算流体力学基础

本章主要介绍 Airpak 软件进行室内空气流动数值模拟时应用的计算流体力学方法,其中包括描述流体运动的基本方程、湍流模型和辐射模型等。湍流模型包括室内零方程模型、混合长度零方程模型、标准 $k-\varepsilon$ 模型和 RNG $k-\varepsilon$ 模型,辐射模型包括 Surface – to – Surface (S2S)辐射模型和 Discrete Ordinates(DO)辐射模型。在此基础上,介绍了控制方程的求解,进而为后文数学物理模型的建立与模拟计算的求解提供理论基础。

1.1　描述空气流动的基本方程

当流动是层流时,Airpak 通过求解连续性方程、动量方程、组分输运方程和能量方程描述空气流动。当流动是湍流或包含辐射传热时,还需要求解额外的输运方程,详见 1.2 和 1.4 节。

1.1.1　连续性方程

连续性方程的表达式为:

$$\frac{\partial \rho}{\partial t} + \nabla \cdot (\rho \vec{v}) = 0 \tag{1-1}$$

式中　ρ——流体密度;

　　$\vec{v}$——流体速度。

对于不可压流动,式(1-1)可以简化为:

$$\nabla \cdot \vec{v} = 0 \tag{1-2}$$

1.1.2　动量方程

惯性(非加速)参考系中动量的输运方程可表示为:

$$\frac{\partial}{\partial t}(\rho \vec{v}) + \nabla \cdot (\rho \vec{v} \vec{v}) = -\nabla p + \nabla \cdot (\bar{\bar{\tau}}) + \rho \vec{g} + \vec{F} \tag{1-3}$$

式中　p——压强,Pa;

　　$\rho \vec{g}$——质量力;

　　$\vec{F}$——包含了其他可能的阻力或源项;

　　$\bar{\bar{\tau}}$——应力张量。

其表达式为:

$$\stackrel{=}{\tau} = \mu\left[(\nabla \vec{v}) + \nabla \vec{v}^T - \frac{2}{3}\nabla \cdot \vec{v}I\right] \tag{1-4}$$

式中 μ——流体分子的黏性系数，kg/m·s；

I——单位张量，式中等号右边第二项代表体积膨胀的影响。

1.1.3 能量守恒方程

流体区域的能量方程可以写成显热焓 h（$h = \int_{T_{ref}}^{T} c_p dT$，其中 T_{ref} 为 298.15 K）的形式：

$$\frac{\partial}{\partial t}(\rho h) + \nabla \cdot (\rho h \vec{v}) = \nabla \cdot [(k + k_t)\nabla T] + S_h \tag{1-5}$$

式中 ρ——密度，kg/m³；

h——单位质量流体所具有的总能量，J/kg；

k——分子的导热系数，W/(m·K)；

k_t——由于湍流输运产生的导热系数（$k_t = c_p \mu_t Pr_t$）；

S_h——包含了所有用户定义的体积热源项；

T——温度，K。

在固体导热区域，Airpak 求解的导热方程如式（1-6）所示，其中包含了固体内部导热和体积热源产生的热流密度：

$$\frac{\partial}{\partial t}(\rho h) = \nabla \cdot [k \nabla T] + S_h \tag{1-6}$$

对方程（1-6）与流动区域的能量输运方程（1-5）同时求解，可以得出流固耦合时的传导/对流换热预测分布。

1.1.4 组分输运方程

当选择求解组分的守恒方程时，Airpak 通过求解第 i 个组分的对流-扩散方程来预测每个组分的当地质量分数 Y_i。这个守恒方程的一般形式如下：

$$\frac{\partial}{\partial t}(\rho Y_i) + \nabla \cdot (\rho \vec{v} Y_i) = -\nabla \cdot \vec{J}_i + S_i \tag{1-7}$$

式中，S_i 为添加自定义源项的生成项，这种形式的方程将对 $N-1$ 种组分进行求解，其中 N 为系统中流体相组分的总数。

1. 层流流动中的质量扩散

扩散通量可以写成：

$$\vec{J}_i = -\rho D_{i,m} \nabla Y_i \tag{1-8}$$

式中 $\vec{J}_i$——组分 i 的扩散通量，是由浓度梯度引起的；

$D_{i,m}$——组分 i 在混合相中的扩散系数，m²/s；

Y_i——组分的质量分数。

2. 湍流流动中的质量扩散

在湍流流动中,Airpak 计算的质量扩散形式如下:

$$\vec{J}_i = -\left(\rho D_{i,m} + \frac{\mu_t}{Sc_t}\right)\nabla Y_i \quad (1-9)$$

式中,Sc_t——湍流施密特数,$Sc_t = \frac{\mu_t}{\rho D_t}$(默认值为 0.7)。$\mu_t$——黏性系数。

3. 能量方程中对组分输运的处理

在多组分混合流动中,由于组分扩散而引起的焓的输运 $\nabla \cdot \left[\sum_{i=1}^{n}(h_i)\vec{J}_i\right]$ 对焓的分布有重要影响,不应忽视。特别是当路易斯数 $Le_i = \frac{k}{\rho c_p D_{i,m}}$ 远离单位 1 时,这一项不能忽略。Airpak 将默认包含此项。

1.2 湍 流

Airpak 提供了六种湍流模型:混合长度零方程模型、室内零方程模型、两方程(标准 $k-\varepsilon$)模型、RNG $k-\varepsilon$ 模型、强化的两方程模型(标准 $k-\varepsilon$ 并且强化边界处理)和 Spalart-Allmaras 模型。

1.2.1 零方程湍流模型

Airpak 提供了两种零方程湍流模型:混合长度零方程湍流模型和室内零方程湍流模型,这些模型描述如下。

1. 混合长度零方程湍流模型

混合长度零方程模型(也称为代数模型)采用式(1-10)计算湍流黏性系数 μ_t:

$$\mu_t = \rho l^2 S \quad (1-10)$$

式中 μ_t——湍流动力黏性系数,Pa·s;

l——混合长度,m。

由下式定义

$$l = \min(\kappa d, 0.09 d_{max}) \quad (1-11)$$

式中,d——与壁面的距离,卡门常数 $\kappa = 0.419$。

S——平均应变率张量的模量,定义为:

$$S \equiv \sqrt{2 S_{ij} S_{ij}} \quad (1-12)$$

式中平均应变率 S_{ij} 由下式计算

$$S_{ij} = \frac{1}{2}\left(\frac{\partial u_j}{\partial x_i} + \frac{\partial u_i}{\partial x_j}\right) \quad (1-13)$$

2. 室内零方程湍流模型

室内零方程模型是专门针对室内气流模拟而建立的。该模型的基本思想是将湍流黏度归结为当地平均速度和长度尺度的函数,该模型需要的计算资源较少,满足了暖通空调工程师对简单、可靠的湍流模型的需求。室内零方程模型计算湍流黏性 μ_t 的表达式如下:

$$\mu_t = 0.03874\rho v L \quad (1-14)$$

式中　v——当地平均速度,m/s;

　　　ρ——流体密度,kg/m²;

　　　L——定义为与最近壁面的距离,m;

　　　0.03874——经验常数。

Airpak 通过计算对流换热系数来确定边界表面的换热:

$$h = \frac{\mu_{\text{eff}}\ c_p}{Pr_{\text{eff}}\Delta x_j} \quad (1-15)$$

式中　c_p——流体的定压比热容,J/(kg·K);

　　　Pr_{eff}——有效普朗特数;

　　　Δx_j——与边界相邻的网格间距;

　　　μ_{eff}——有效黏性系数,kg/(m·s)。

有效黏性系数由下式计算:

$$\mu_{\text{eff}} = \mu + \mu_t \quad (1-16)$$

式中,μ——流体分子的黏性系数,kg/(m·s)。

该模型适用于考虑自然对流、强制对流、混合对流和置换通风的室内空气流动预测。

1.2.2　高级湍流模型

在采用 Boussinesq 假设的湍流模型中,核心问题是如何计算涡黏性。Spalart 和 Allmaras 提出的模型求解了一个量的输运方程,该量是湍流运动黏性的修正形式。

标准 $k-\varepsilon$ 和 RNG $k-\varepsilon$ 都有相同的形式,都包含对 k 和 ε 的输运方程,模型的主要区别如下:

- 湍流黏性的计算方法;
- 控制 k 和 ε 湍流扩散的湍流普朗特数;
- ε 方程中的生成项和耗散项。

本节描述了计算湍流效应的雷诺-平均方法,并概述了在 Airpak 中选择高级湍流模型的相关问题。分别给出了各模型的输运方程、计算湍流黏性的方法和模型常数。这两种模型本质上共有的特征为:湍流生成项、浮力生成项和传热模型。

1. 雷诺平均方程

Airpak 的高级湍流模型是基于雷诺平均的模型控制方程。在雷诺平均中,瞬时 Navier-Stokes 方程的解变量被分解为平均值和脉动值。速度的瞬时值可表示为:

$$u_i = \overline{u_i} + u_i' \quad (1-17)$$

式中,$\overline{u_i}$ 和 u_i' 分别为速度的统计平均值和速度的脉动值,$i=1,2,3$。

同样,其他物理量的瞬时值可表示为:

$$\varphi = \overline{\varphi} + \varphi' \quad (1-18)$$

式中，φ 代表物理量，例如压力和能量。

将这种形式的表达式代入瞬时的连续性方程和动量方程，然后取时间平均值，并省略平均速度 $\bar{u}$ 上的上划线，就得到了时均化动量方程。它们可以写成笛卡儿张量的形式：

$$\frac{\partial \rho}{\partial t} + \frac{\partial}{\partial x_i}(\rho u_i) = 0 \qquad (1-19)$$

$$\frac{\partial}{\partial t}(\rho u_i) + \frac{\partial}{\partial x_j}(\rho u_i u_j) = -\frac{\partial P}{\partial x_i} + \frac{\partial}{\partial x_j}\left[\mu\left(\frac{\partial u_i}{\partial x_j} + \frac{\partial u_j}{\partial x_i} - \frac{2}{3}\delta_{ij}\frac{\partial u_i}{\partial x_i}\right)\right] + \frac{\partial}{\partial x_j}(-\rho\overline{u'_i u'_j}) \qquad (1-20)$$

方程(1-19)为时均连续性方程，方程(1-20)被称为雷诺平均纳维-斯托克斯（"Reynolds-averaged" Navier-Stokes, RANS）方程。它们具有与瞬时 Navier-Stokes 方程相同的一般形式，速度和其他变量表示为时均值。同时方程中出现了代表湍流效应的附加项 $-\rho\overline{u'_i u'_j}$，定义为"雷诺应力"，必须对其进行构建模型才能求解方程。

对于变密度流动，方程(1-19)和(1-20)可以解释为 Favre 平均的 Navier-Stokes 方程，其速度代表质量平均值。因此，公式(1-19)和(1-20)可以应用于密度变化的流动。

2. Boussinesq 方法

湍流模型的雷诺-平均法要求对方程(1-20)中的雷诺应力进行适当的建模。一种常用的方法是使用 Boussinesq 假设将雷诺应力与平均速度梯度联系起来，表示为：

$$-\rho\overline{u'_i u'_j} = \mu_t\left(\frac{\partial u_i}{\partial x_j} + \frac{\partial u_j}{\partial x_i}\right) - \frac{2}{3}\left(\rho k + \mu_t \frac{\partial u_i}{\partial x_i}\right)\delta_{ij} \qquad (1-21)$$

式中　　u_i——时均速度；

　　　　δ_{ij}——克罗内克符号，当 $i=j$ 时，$\delta_{ij}=1$，当 $i \neq j$ 时，$\delta_{ij}=0$；

　　　　k——湍流脉动动能。

Boussinesq 假设被用在 Spalart-Allmaras 模型和 $k-\varepsilon$ 模型中，该方法的优点是在计算湍流黏性系数 μ_t 时的计算成本相对较低。计算湍流流动的关键在于确定湍流黏性系数 μ_t，目前常用给出 μ_t 与湍流时均参数关系式的涡黏系数模型来求解。在 Spalart-Allmaras 模型中，只求解了一个附加的输运方程（表示湍流黏性）。在 $k-\varepsilon$ 模型中，附加求解湍流强度 k 和湍流耗散率 ε 的两个输运方程来求解 μ_t。Boussinesq 假设的缺点是它假设 μ_t 是一个各向同性的标量，这并不是严格正确的。

3. 湍流模型的选择

本节概述 Airpak 提供的湍流模型的相关问题。

（1）Spalart-Allmaras 模型

Spalart-Allmaras 模型是一个相对简单的一方程模型，它建立了运动涡（湍流）黏性的模型，并求解其输运方程。这体现了一类相对较新的一方程模型，其中不需要计算与局部剪切层厚度有关的长度尺度。Spalart-Allmaras 模型是专门为涉及壁面有界流动的航空航天应用而设计的，并已被证明对承受不利压力梯度的边界层具有良好的效果，它也越来越多地应用于叶轮机械中。

然而，值得注意的是，Spalart-Allmaras 模型仍然是一个相对较新的模型，对于它是否适合所有类型的复杂工程流动并没有做出任何声明。例如，它不能用来预测均匀的、各向同性湍流的衰减。此外，一方程模型的不足是不能快速适应长度尺度的变化，如当流动突然从有壁面的流动转变为自由剪切流动时,长度尺度的变化是有必要考虑的。

(2) 标准 $k-\varepsilon$ 模型

两方程模型是形式简单、使用方便的湍流模型,其中两个独立输运方程的解可以独立确定湍流速度和长度尺度。Airpak 中的标准 $k-\varepsilon$ 模型属于这类湍流模型,自 Launder 和 Spalding 提出以来,一直是实际工程流动计算的主力。标准 $k-\varepsilon$ 模型的鲁棒性、经济性和对大范围湍流计算的合理准确性使其在工业流动和传热模拟中得到了广泛的应用。它是一个半经验模型,模型方程的推导依赖于现象学和经验主义。

随着标准 $k-\varepsilon$ 模型的优缺点被人们所熟知,人们对模型进行了改进以提高其性能,其中一种就是在 Airpak 中可用的 RNG $k-\varepsilon$ 模型。

(3) RNG $k-\varepsilon$ 模型

RNG $k-\varepsilon$ 模型是使用严格的统计技术(称为重整化群理论)得到的。它在形式上与标准 $k-\varepsilon$ 模型很像,但包括以下改进:

- RNG 模型在其 ε 方程中增加了一项,显著提高了模拟快速应变流动的精度。
- RNG 模型考虑了旋流对湍流的影响,提高了模拟旋流流动的精度。
- RNG 模型为湍流普朗特数提供了一个解析式,而标准 $k-\varepsilon$ 模型使用的是自定义的常数。
- 标准 $k-\varepsilon$ 模型是一个针对高雷诺数建立的模型,RNG 模型为有效黏性提供了一个解析推导的微分公式,该公式考虑了低雷诺数效应。

这些特征使 RNG $k-\varepsilon$ 模型比标准 $k-\varepsilon$ 模型在更广泛的流动中有更高的准确性和可靠性。

(4) 修正的两方程模型

标准 $k-\varepsilon$ 模型主要适用于湍流核心的流动(即流动区域远离壁面)。因此,需要考虑如何使这些模型适用于近壁流动。

湍流受壁面的影响是较明显的,湍流也因为壁面的存在而改变。在非常靠近壁面的区域内,黏性阻尼减小了切向速度波动,在近壁区域外侧,由于平均速度梯度很大,会导致湍流动能的产生,从而使湍流迅速增大。由于壁面是平均涡量和湍流的主要来源,近壁模型对数值解的精确度有重要影响。近壁区是求解变量梯度较大、动量和其他标量输运量最大的区域。因此,近壁面区域流动的准确表征决定了壁面湍流流动预测的成功与否。

大量实验表明,近壁区域可大致细分为三层。最内层称为黏性底层,流动几乎是层流的,分子黏性在动量、热量或质量传递中起主导作用。外层称为完全湍流层,湍流起主要作用。最后,在黏性底层和完全湍流层之间有一个过渡层,其中分子黏性和湍流的影响同等重要。

为了更准确地求解近壁流动,修正的两方程模型包含了标准 $k-\varepsilon$ 模型和增强壁面处理。

(5) 增强壁面处理

增强壁面处理是一种近壁建模方法,它将两层模型与增强壁面函数相结合。在双层模型中,近壁区域黏性的影响完全在黏性底层求解。双层方法是强化壁面处理的一个组成部分,用于指定近壁网格的 ε 和湍流黏性。在这种方法中,整个区域被细分为黏性影响区和完全湍流区。这两个区域的划分是由基于壁面距离的湍流雷诺数决定的。

如果近壁网格足够精细,能够求解层流底层(典型的 $y^+ \approx 1$),那么壁面函数将与传统的双层带状模型相同。然而,近壁网格必须足够精细,这可能会带来太大的计算量。因此,理想情况下,人们希望有一个近壁面公式,既可以用于粗网格(通常称为壁面函数网格),也可以用于细网格(低雷诺数网格)。此外,对于中间网格,不应产生过大的误差,因为中间网格太细,近壁单元形心不能位于充分湍流区,但也不能太粗,以免导致不能正确地求解底层。

为了实现近壁建模,既保证在细近壁网格采用标准双层方法时的精度,同时又不会显著降低壁面函数网格的精度,Airpak 将双层模型与增强壁面函数相结合,从而实现增强壁面处理。

(6)计算能力:CPU 时间和解的情况

标准 $k-\varepsilon$ 模型比 Spalart-Allmaras 模型需要更多的计算工作量,因为它多求解了一个输运方程。然而,由于控制方程多了一些附加项和附加函数,以及控制方程更大程度的非线性,RNG $k-\varepsilon$ 模型的计算往往比标准 $k-\varepsilon$ 模型多花 10%~15% 的 CPU 时间。

除了每次迭代的时间外,不同湍流模型还会影响 Airpak 获得收敛解的能力。例如,标准 $k-\varepsilon$ 模型在特定的场景中,会轻微地高估扩散,然而 RNG $k-\varepsilon$ 模型在设计时,使湍流黏性随应变率的增大而减小。由于扩散对数值有稳定作用,RNG 模型更容易受到稳态解的不稳定性影响。然而,这并不是 RNG 模型的缺点,因为这些特性使它更能响应重要的物理不稳定性,如随时间变化的湍流涡脱落。

4. Spalart-Allmaras 模型

Spalart-Allmaras 模型属于低雷诺数模型,边界层中黏性影响区域可以得到适当的求解。在 Airpak 中,Spalart-Allmaras 模型被设置为在网格分辨率不够精细时使用壁面函数。这使它成为粗糙网格上相对粗糙的模拟的最佳选择。此外,模型中输运变量的近壁梯度远小于 $k-\varepsilon$ 模型中输运变量的梯度。这可能使模型在近壁处没有网格分层时对数值误差的敏感性较低。

(1)Spalart-Allmaras 模型中的输运方程

Spalart-Allmaras 模型中的输运变量 $\tilde{\nu}$,其表征近壁区域(黏性影响区)以外的湍流运动黏性系数。$\tilde{\nu}$ 的输运方程为:

$$\frac{\partial}{\partial t}(\rho \tilde{\nu}) + \frac{\partial}{\partial x_i}(\rho \tilde{\nu} u_i) = G_\nu + \frac{1}{\sigma_{\tilde{\nu}}}\left[\frac{\partial}{\partial x_j}\left\{(\mu + \rho \tilde{\nu})\frac{\partial \tilde{\nu}}{\partial x_j}\right\} + C_{b2}\rho\left(\frac{\partial \tilde{\nu}}{\partial x_j}\right)^2\right] - Y_\nu + S_{\tilde{\nu}} \quad (1-22)$$

式中,在近壁区域,由于壁面和黏性阻尼,会有湍流黏性的产生项 G_ν 和湍流黏性的耗散项 Y_ν,$\sigma_{\tilde{\nu}}$ 和 C_{b2} 都是常数,ν 为分子运动黏性系数。$S_{\tilde{\nu}}$ 为自定义的源项。由于在 Spalart-Allmaras 模型中没有计算湍流动能 k,在估算雷诺应力时,应该忽略方程(1-21)中的最后一项。

(2)湍流黏性系数的模型

湍流黏性系数 μ_t 由下式计算:

$$\mu_t = \rho \tilde{\nu} f_{\nu 1} \quad (1-23)$$

式中,f_{v1} 为黏性阻尼函数,由下式计算:

$$f_{v1} = \frac{\chi^3}{\chi^3 + C_{v1}^3} \qquad (1-24)$$

并且

$$\chi \equiv \frac{\tilde{v}}{v} \qquad (1-25)$$

(3)湍流黏性生成项的模型

湍流黏性产生项 G_v 由下式计算:

$$G_v = C_{b1}\rho \tilde{S}\tilde{v} \qquad (1-26)$$

式中

$$\tilde{S} \equiv S + \frac{\tilde{v}}{\kappa^2 d^2} f_{v2} \qquad (1-27)$$

并且

$$f_{v2} = 1 - \frac{\chi}{1 + \chi f_{v1}} \qquad (1-28)$$

C_{b1} 和 κ 为常数,d 为与壁面的距离,S 为变形张量的标量量度。在 Airpak 默认中,与 Spalart 和 Allmaras 提出的原始模型一样,S 是基于涡量的大小:

$$S \equiv \sqrt{2\Omega_{ij}\Omega_{ij}} \qquad (1-29)$$

式中,平均旋转速率张量 Ω_{ij} 是由下式定义的

$$\Omega_{ij} = \frac{1}{2}\left(\frac{\partial u_i}{\partial x_j} - \frac{\partial u_j}{\partial x_i}\right) \qquad (1-30)$$

S 取此默认表达式的理由是,对于模型建立时最感兴趣的是有壁面的流动,只有在壁面附近产生涡量时才会发现湍流。在 Airpak 中,还考虑了平均应变对湍流产生的影响,提出了对模型的修正。这一修正将定义 S 中的旋转张量和应变张量结合起来:

$$S \equiv |\Omega_{ij}| + C_{\text{prod}}\min(0, |S_{ij}| - |\Omega_{ij}|) \qquad (1-31)$$

式中

$$C_{\text{prod}} = 2.0, \ |\Omega_{ij}| \equiv \sqrt{2\Omega_{ij}\Omega_{ij}}, \ |S_{ij}| \equiv \sqrt{2S_{ij}S_{ij}}$$

式中,S_{ij} 为平均应变速率,其定义式为:

$$S_{ij} = \frac{1}{2}\left(\frac{\partial u_j}{\partial x_i} + \frac{\partial u_i}{\partial x_j}\right) \qquad (1-32)$$

同时包含旋转张量和应变张量可以减少涡黏性的产生,从而在涡量大于应变率的区域降低涡黏性本身。有涡的流动流就是这样一个例子。在纯旋转的情况下,旋涡中心附近的流动,湍流被抑制。包括旋转和应变张量可以更准确地解释旋转对湍流的影响。默认选项(仅包括旋转张量)往往高估涡黏性的产生,因此在某些情况下高估了涡黏性本身。

(4)湍流黏性耗散项的模型

湍流黏性耗散项的表达式为:

$$Y_\nu = C_{\omega 1}\rho f_\omega \left(\frac{\tilde{v}}{d}\right)^2 \tag{1-33}$$

式中

$$f_\omega = g\left[\frac{1+C_{\omega 3}^6}{g^6+C_{\omega 3}^6}\right]^{1/6} \tag{1-34}$$

$$g = r + C_{\omega 2}(r^6 - r) \tag{1-35}$$

$$r \equiv \frac{\tilde{\nu}}{\tilde{S}\kappa^2 d^2} \tag{1-36}$$

C_{w1},C_{w2} 和 C_{w3} 为常数,$\tilde{S}$ 由方程(1-27)确定。

(5) 模型常数

模型中的常数 C_{b1},C_{b2},$\sigma_{\tilde{\nu}}$,C_{v1},C_{w1},C_{w2},C_{w3} 和 κ 有下列默认值

$$G_{b1} = 0.1355, C_{b2} = 0.622, \sigma_{\tilde{\nu}} = \frac{2}{3}, C_{v1} = 7.1$$

$$C_{\omega 1} = \frac{C_{b1}}{\kappa^2} + \frac{(1+C_{b2})}{\sigma_{\tilde{\nu}}}, C_{\omega 2} = 0.3, C_{\omega 3} = 2.0, \kappa = 0.4187$$

(6) 壁面边界条件

在壁面处,修正后的湍流运动黏性系数 $\tilde{\nu}$ 被设置为 0。当网格足够细,可以求解层流底层时,根据层流应力-应变关系可以得出壁面剪切应力:

$$\frac{u}{u_\tau} = \frac{\rho u_\tau y}{\mu} \tag{1-37}$$

若网格太粗,无法求解层流底层,则假定壁面相邻单元的中心落在边界层的对数率层内,采用壁面定律:

$$\frac{u}{u_\tau} = \frac{1}{\kappa}\ln E\left(\frac{\rho u_\tau y}{\mu}\right) \tag{1-38}$$

式中 u——平行于壁面的速度;

u_τ——切向速度;

y——与壁面的距离;

κ——卡门常数(0.4187),并且 $E = 9.793$。

(7) 对流传热传质模型

在 Airpak 中,湍流热输运是使用雷诺类比湍流动量输运的概念来建模的。所建立的能量方程如下:

$$\frac{\partial}{\partial t}(\rho E) + \frac{\partial}{\partial x_i}[u_i(\rho E + p)] = \frac{\partial}{\partial x_j}\left[\left(\kappa + \frac{C_p \mu_t}{\Pr_t}\right)\frac{\partial T}{\partial x_j} + u_i(\tau_{ij})_{\text{eff}}\right] + S_h \tag{1-39}$$

式中 k——导热系数;

E——总能量;

$(\tau_{ij})_{\text{eff}}$——偏应力张量。

由下式定义

$$(\tau_{ij})_{\text{eff}} = \mu_{\text{eff}}\left(\frac{\partial u_j}{\partial x_i} + \frac{\partial u_i}{\partial x_j}\right) - \frac{2}{3}\mu_{\text{eff}}\frac{\partial u_i}{\partial x_i}\delta_{ij}$$

式中，$(\tau_{ij})_{\text{eff}}$ 代表了黏性热量。湍流普朗特数的默认值是 0.85。湍流传质处理类似，默认湍流施密特数 0.7。

标量输运的壁面边界条件可类比于动量，使用适当的"壁面定律"来处理。

5. 标准 $k-\varepsilon$ 两方程模型

两方程模型是比零方程模型更复杂的湍流模型，标准 $k-\varepsilon$ 模型是一个基于湍流动能 (k) 和湍流动能耗散率 (ε) 输运方程的半经验模型，k 的输运方程是由准确方程推导的，而 ε 的输运方程是通过物理推理得到的，与数学上完全对应的输运方程几乎没有相似之处。

标准 $k-\varepsilon$ 方程推导的假设是湍流发展非常充分，分子黏性的影响可以忽略。因此标准 $k-\varepsilon$ 模型只适用于湍流充分发展的流动。

(1) 标准 $k-\varepsilon$ 模型的输运方程

在标准 $k-\varepsilon$ 模型中，湍流动能 k 和湍流动能耗散率 ε 可从下列输运方程中得到：

$$\frac{\partial}{\partial t}(\rho k) + \frac{\partial}{\partial x_i}(\rho k u_i) = \frac{\partial}{\partial x_i}\left[\left(\mu + \frac{\mu_t}{\sigma_k}\right)\frac{\partial k}{\partial x_i}\right] + G_k + G_b - \rho\varepsilon \quad (1-40)$$

和

$$\frac{\partial}{\partial t}(\rho\varepsilon) + \frac{\partial}{\partial x_i}(\rho\varepsilon u_i) = \frac{\partial}{\partial x_i}\left[\left(\mu + \frac{\mu_t}{\sigma_\varepsilon}\right)\frac{\partial \varepsilon}{\partial x_i}\right] + C_{1\varepsilon}\frac{\varepsilon}{k}(G_k + C_{3\varepsilon}G_b) - C_{2\varepsilon}\rho\frac{\varepsilon^2}{k} \quad (1-41)$$

式中 G_k——由于平均速度梯度引起的湍流动能 k 的生成项，计算将在本节稍后介绍；

G_b——由于浮力引起的湍流动能 k 的生成项，将在本节稍后介绍。

$C_{1\varepsilon}$，$C_{2\varepsilon}$ 和 $C_{3\varepsilon}$ 为常数，σ_k 和 σ_ε 分别为 k 和 ε 的湍流普朗特数。

(2) 湍流黏性模型

湍流运动黏性系数（涡黏性系数）μ_t 可由 k 和 ε 计算得到：

$$\mu_t = \rho C_\mu \frac{k^2}{\varepsilon} \quad (1-42)$$

式中，C_μ 为常数。

(3) 模型常数

上述模型中的常数 $C_{1\varepsilon}$，$C_{2\varepsilon}$，C_μ，σ_k 和 σ_ε 取下列默认值：

$$C_{1\varepsilon} = 1.44, C_{2\varepsilon} = 1.92, C_\mu = 0.09, \sigma_k = 1.0, \sigma_\varepsilon = 1.3$$

这些默认值是通过空气和水的基本湍流剪切流（包括均匀剪切流和衰减各向同性网格湍流）的实验确定的。它们已在大部分的近壁流动和自由剪切流计算中得到较好的验证。

6. RNG $k-\varepsilon$ 模型

RNG $k-\varepsilon$ 模型是通过瞬时的 Navier-Stokes 方程推导得到的，使用被称作"重整化群"的数学手段得到。解析推导的常数不同于标准 $k-\varepsilon$ 模型的常数，并且在 k 和 ε 的输运方程里添加了部分项和函数。

(1) RNG $k-\varepsilon$ 模型的输运方程

RNG $k-\varepsilon$ 模型和标准 $k-\varepsilon$ 模型有相似的形式：

$$\frac{\partial}{\partial t}(\rho k) + \frac{\partial}{\partial x_i}(\rho k u_i) = \frac{\partial}{\partial x_i}\left(\alpha_k \mu_{\text{eff}}\frac{\partial k}{\partial x_i}\right) + G_k + G_b - \rho\varepsilon \quad (1-43)$$

和

$$\frac{\partial}{\partial t}(\rho\varepsilon)+\frac{\partial}{\partial x_i}(\rho\varepsilon u_i)=\frac{\partial}{\partial x_i}\left(\alpha_\varepsilon\mu_{\text{eff}}\frac{\partial\varepsilon}{\partial x_i}\right)+C_{1\varepsilon}\frac{\varepsilon}{k}(G_k+C_{3\varepsilon}G_b)-C_{2\varepsilon}\rho\frac{\varepsilon^2}{k}-R_\varepsilon \quad (1-44)$$

在这些方程中,G_k代表了由于平均速度梯度引起的湍流动能的生成项,计算将在本节稍后介绍,G_b代表由于浮力引起的湍流动能的生成项,将在本节稍后介绍。物理量α_k和α_ε分别为k和ε有效普朗特数的倒数。

(2)有效黏性模型

在 RNG 模型的小尺度消去过程中得到的湍流运动黏性系数微分方程如下:

$$d\left(\frac{\rho^2 k}{\sqrt{\varepsilon\mu}}\right)=1.72\frac{\hat{\nu}}{\sqrt{\hat{\nu}^3-1+C_\nu}}d\hat{\nu} \quad (1-45)$$

式中

$$\hat{\nu}=\mu_{\text{eff}}/\mu$$
$$C_\nu\approx 100$$

对方程(1-45)进行积分,可以获得有效湍流输运随有效雷诺数(或涡尺度)变化的精确描述,使该模型能够更好地处理低雷诺数和近壁面流动。

在高雷诺数的限定下,方程(1-45)可以简化为:

$$\mu_t=\rho C_\mu\frac{k^2}{\varepsilon} \quad (1-46)$$

式中,$C_\mu=0.0845$,是由 RNG 理论推导得出的模型系数。有趣的是,这个C_μ的值非常接近于标准$k-\varepsilon$模型中由实验得到的数值 0.09。

在 Airpak 中,有效黏性系数μ_{eff}是根据高雷诺数得到的方程(1-46)计算的。

(3)有效普朗特数倒数的计算

有效普朗特数的倒数α_k和α_ε是根据 RNG 理论中下列公式推导得出的。

$$\left|\frac{\alpha-1.3929}{\alpha_0-1.3929}\right|^{0.6321}\left|\frac{\alpha+2.3929}{\alpha_0+1.3929}\right|^{0.3679}=\frac{\mu_{\text{mol}}}{\mu_{\text{eff}}} \quad (1-47)$$

式中,$\alpha_0=1.0$,在高雷诺数条件下($\mu_{\text{mol}}/\mu_{\text{eff}}\ll 1$),$\alpha_k=\alpha_\varepsilon\approx 1.393$。

(4)ε方程中R_ε项

RNG $k-\varepsilon$ 和标准 $k-\varepsilon$ 的模型主要区别在于ε中的附加项,其计算式为:

$$R_\varepsilon=\frac{C_\mu\rho\eta^3(1-\eta/\eta_0)}{1+\beta\eta^3}\frac{\varepsilon^2}{k} \quad (1-48)$$

式中,$\eta\equiv Sk/\varepsilon$,$\eta_0=4.38$,$\beta=0.012$。

RNG ε 方程中此项的影响可以在重新排列方程(1-44)后更清楚地显示,使用方程(1-48),方程(1-44)中的最后两项可以被合并,ε方程最终可以被写为

$$\frac{\partial}{\partial t}(\rho\varepsilon)+\frac{\partial}{\partial x_i}(\rho\varepsilon u_i)=\frac{\partial}{\partial x_i}\left(\alpha_\varepsilon\mu_{\text{eff}}\frac{\partial\varepsilon}{\partial x_i}\right)+C_{1\varepsilon}\frac{\varepsilon}{k}(G_k+C_{3\varepsilon}G_b)-C_{2\varepsilon}^*\rho\frac{\varepsilon^2}{k} \quad (1-49)$$

式中,$C_{2\varepsilon}^*$可以通过下式计算

$$C_{2\varepsilon}^*\equiv C_{2\varepsilon}+\frac{C_\mu\rho\eta^3(1-\eta/\eta_0)}{1+\beta\eta^3} \quad (1-50)$$

在 $\eta < \eta_0$ 区域，R 项有积极的贡献，$C_{2\varepsilon}^*$ 开始比 $C_{2\varepsilon}$ 大。在对数律层，例如，当 $\eta \approx 3.0$ 时可取 $C_{2\varepsilon}^* \approx 2.0$，在大小上非常接近标准 $k-\varepsilon$ 中 $C_{2\varepsilon}$ 的取值，因此，对于中等到低应变率的流动，RNG $k-\varepsilon$ 的结果要比标准 $k-\varepsilon$ 大得多。

然而，在较高的应变率区域($\eta > \eta_0$)，R 项有消极的作用，使 $C_{2\varepsilon}^*$ 的值小于 $C_{2\varepsilon}$，相比于标准 $k-\varepsilon$ 模型，ε 的微小变化都会减少 k，最终影响有效黏性系数。因此，在瞬变流中，RNG 模型的湍流黏性低于标准 $k-\varepsilon$ 模型。

相比于标准 $k-\varepsilon$ 模型，RNG 模型可以更好地处理瞬变流和流线弯曲的影响，因此，RNG 模型对于某些特定流动具有一定的优越性。

(5) 模型常数

方程中模型中的常数 $C_{1\varepsilon}$ 和 $C_{2\varepsilon}$ 可以通过 RNG 理论的分析推导得到，这些值在 Airpak 中取以下默认值：

$$C_{1\varepsilon} = 1.42, C_{2\varepsilon} = 1.68$$

(6) RNG $k-\varepsilon$ 模型中湍流产生项的建模

在 k 的输运方程中，G_k 项表示湍流动能的产生，可定义为：

$$G_k = -\rho \overline{\tilde{u}_i \tilde{u}_j} \frac{\partial u_j}{\partial x_i} \tag{1-51}$$

在 Boussinesq 假设下，G_k 可由下式计算：

$$G_k = \mu_t S^2 \tag{1-52}$$

S 为时均应变率张量的模量，定义为

$$S \equiv \sqrt{2S_{ij}S_{ij}} \tag{1-53}$$

时均应变速率 S_{ij} 为

$$S_{ij} = \frac{1}{2}\left(\frac{\partial u_j}{\partial x_i} + \frac{\partial u_i}{\partial x_j}\right) \tag{1-54}$$

(7) RNG $k-\varepsilon$ 模型中浮升力的影响

当非零重力场和温度梯度同时存在时，Airpak 中 $k-\varepsilon$ 模型计算了由于浮升力而产生的 k，(在方程(1-40)和(1-43)中的 G_b 项)，以及其在方程(1-41)和(1-44)中对 ε 生成的相应贡献。

由浮力引起的湍流动能生成项为：

$$G_b = \beta g_i \frac{\mu_t}{Pr_t} \frac{\partial T}{\partial x_i} \tag{1-55}$$

式中，Pr_t 为能量的湍流普朗特数，对于标准 $k-\varepsilon$ 模型，Pr_t 的默认值是 0.85。在 RNG $k-\varepsilon$ 模型中，$Pr_t = 1/\alpha$，α 可由方程(1-47)给定，但是 $\alpha_0 = 1/Pr = k/\mu c_p$。热膨胀系数 β 由下式定义：

$$\beta = -\frac{1}{\rho}\left(\frac{\partial \rho}{\partial T}\right)_p \tag{1-56}$$

从 k 的输运方程中可以看出，在不稳定分层中，湍流动能趋于增大($G_b > 0$)。对于稳定的分层，浮力倾向于抑制湍流($G_b < 0$)。在 Airpak 中，浮力对 k 生成的影响总是包含在非零重力场和非零温度(或密度)梯度的情况下。

浮力对 k 生成的影响已经比较清楚,对 ε 的影响则不太清楚。在 Airpak 中,默认情况下通常将 ε 运输方程(方程(1-41)或(1-44))中的 G_b 设置为 0,即忽略浮力对 ε 的影响。

ε 受浮力影响的程度由常数 $C_{3\varepsilon}$ 决定。在 Airpak 中,$C_{3\varepsilon}$ 未被定义,而是根据下面的关系来计算:

$$C_{3\varepsilon} = \tanh \left| \frac{u}{v} \right| \tag{1-57}$$

式中 v——平行于重力矢量的流速分量;

u——垂直于重力矢量的流速分量。

这样,对于主流方向与重力方向一致的有浮力的剪切层,$C_{3\varepsilon}$ 将设为 1。对于垂直于重力矢量的有浮力的剪切层,$C_{3\varepsilon}$ 将设为 0。

(8)$k-\varepsilon$ 模型中对流换热的模型

在 Airpak 中,湍流热输运是使用雷诺类比湍流动量传输的概念来建模的。所建立的能量方程如下:

$$\frac{\partial}{\partial t}(\rho E) + \frac{\partial}{\partial x_i}[u_i(\rho E + p)] = \frac{\partial}{\partial x_i}\left(\kappa_{\text{eff}} \frac{\partial T}{\partial x_i}\right) + S_h \tag{1-58}$$

式中 E——单位质量流体所具有的总能量,J/kg;

κ_{eff}——有效导热系数,W/(m·K)。

对于标准 $k-\varepsilon$ 模型,κ_{eff} 由下式给出:

$$\kappa_{\text{eff}} = \kappa + \frac{c_p \mu_t}{\text{Pr}_t}$$

将湍流普朗特数的默认值设置为 0.85。

对于 RNG $k-\varepsilon$ 模型,有效导热系数为:

$$\kappa_{\text{eff}} = \alpha c_p \mu_{\text{eff}}$$

式中,α 由方程(1-47)计算,此时 $\alpha_0 = 1/Pr = k/\mu c_p$。

α 的取值随 $\mu_{\text{mol}}/\mu_{\text{eff}}$ 变化,这是 RNG $k-\varepsilon$ 模型的一个优势。实验结果表明,湍流普朗特数随分子的普朗特数和湍流度的变化而变化。方程(1-47)适用于非常广泛的分子普朗特数,从液态金属($Pr \approx 10^{-2}$)到石蜡油($Pr \approx 10^3$),这使得传热可以在低雷诺数区域计算。由式(1-47)可以很好地预测有效普朗特数从黏性主导区 $\alpha = 1/Pr$ 到全湍流区 $\alpha = 1.393$ 区域的流动。

1.3 浮力驱动的流动和自然对流

混合对流中可以通过格拉晓夫数与雷诺数的比值来衡量浮力的影响:

$$\frac{Gr}{Re^2} = \frac{g\beta \Delta T L}{v^2} \tag{1-59}$$

当这个数字接近或大于单位 1,流动中有很强的浮升力。相反,如果它非常小,在模拟时浮力可以被忽略。在纯自然对流中,浮力诱导流动的强度可由瑞利数衡量:

$$Ra = \frac{g\beta\Delta TL^3\rho}{\mu\alpha} \quad (1-60)$$

式中,β 为热膨胀系数:

$$\beta = -\frac{1}{\rho}\left(\frac{\partial \rho}{\partial T}\right)_P \quad (1-61)$$

α 为热扩散率:

$$\alpha = \frac{\kappa}{\rho c_p} \quad (1-62)$$

瑞利数小于 10^8 表明流动属于存在浮力诱导的层流,在 $10^8 < Ra < 10^{10}$ 范围内发生向紊流的过渡。Airpak 在计算自然对流流动时,要么使用 Boussinesq 模型,要么使用理想气体定律,如下所述。

1.3.1　Boussinesq 模型

默认情况下,Airpak 在自然对流中使用 Boussinesq 模型。该模型除了在动量方程中的浮力项外,在其他所有的求解方程中,将密度看作常数:

$$(\rho - \rho_0)g \approx -\rho_0\beta(T - T_0)g \quad (1-63)$$

式中　ρ_0——流体的密度(常数),kg/m^3;

　　　T_0——操作温度,K;

　　　β——热膨胀系数。

方程(1-63)是使用 Boussinesq 近似 $\rho = \rho_0(1 - \beta\Delta T)$ 来从浮力项中消除 ρ。只要实际密度的变化很小,这种近似就是准确的;具体来说,Boussinesq 近似在 $\beta(T - T_0) \ll 1$ 时是有效的。

1.3.2　不可压理想气体定律

在 Airpak 中,如果选择使用理想气体定律来定义密度,Airpak 则按下式计算密度:

$$\rho = \frac{P_{op}}{\frac{R}{M}T} \quad (1-64)$$

式中　R——通用气体常数;

　　　p_{op}——用户在高级问题设置卡中自己定义的操作压力。

在这种形式下,密度只取决于操作压力,而不取决于当地相对压力场、当地温度场或分子量。

1.3.3　操作密度的定义

当不使用 Boussinesq 近似时,操作密度 ρ_0 出现在动量方程的体积力项 $(\rho - \rho_0)g$ 中。

这种形式的体积力项,从 Airpak 的压力重新定义为

$$p'_s = p_s - \rho_0 gx \quad (1-65)$$

流体在静止时的静力平衡为

$$p'_s = 0 \tag{1-66}$$

因此,操作密度的定义在所有浮力驱动的流动中都很重要。

1.4 辐 射

1.4.1 概述

辐射换热和热辐射这两个术语通常用来描述电磁(EM)波引起的换热。所有的材料不断地发射和吸收电磁波或光子。发射强度和波长取决于发射材料的温度。在绝对零度时,没有辐射从表面发出。在传热方面,红外光谱中的波长通常是最重要的,因此,是它唯一在 Airpak 中需要考虑的。

虽然传导和对流(其他传热的基本方式)都需要介质来传递,但辐射不需要。因此,热辐射可以在不与介质相互作用的情况下传递很长的距离。此外,在大多数应用中,导热和对流换热热流量与温差成正比,辐射换热热流量在很大程度上上升到与温差的四次方成正比。

1.4.2 漫灰辐射

Airpak 的辐射模型假设表面是灰色和漫反射的。灰色表面的发射率和吸收率与波长无关。根据基尔霍夫定律,辐射率等于吸收率 $\varepsilon = \alpha$。对于漫反射面,反射率与出射(或入射)方向无关。

如前所述,表面之间的辐射能交换实际上不受它们之间的介质的影响。因此,根据灰体模型,如果一定数量的辐射能 E 入射到一个表面,则被反射的部分为 ρE,被吸收的部分为 αE,被透射的部分为 τE。由于在室内大多数表面对热辐射(在红外光谱中)是不透明的,所以可以认为表面是不透明的。因此,透射率可以忽略。根据能量守恒定律,$\alpha + \rho = 1$,由于 $\alpha = \varepsilon$(发射率),所以 $\rho = 1 - \varepsilon$。

1.4.3 辐射传热方程

在 $\vec{s}$ 方向上 $\vec{r}$ 位置的吸收、发射和散射介质的辐射传热方程(RTE)为:

$$\frac{dI(\vec{r},\vec{s})}{ds} + (a + \sigma_s)I(\vec{r},\vec{s}) = an^2\frac{\sigma T^4}{\pi} + \frac{\sigma_s}{4\pi}\int_0^{4\pi} I(\vec{r},\vec{s}')\Phi(\vec{s}\cdot\vec{s}')d\Omega' \tag{1-67}$$

式中 $\vec{r}$——位置矢量;

$\vec{s}$——方向矢量;

$\vec{s}'$——散射方向矢量;

s——路径长度;

a——吸收率;

n——折射率;

σ_s——散射系数;

σ——斯蒂芬-玻尔兹曼常数($5.672 \times 10^{-8} \text{W}/(\text{m}^2 \cdot \text{K}^4)$);

I——辐射强度,取决于位置($\vec{r}$)和方向($\vec{s}$);

T——当地温度,K;

Φ——相函数;

Ω'——立体角。

$(a+\sigma_s)s$ 为介质的光学厚度或不透明度。在考虑半透明介质中的辐射时,折射率 n 很重要。图 1-1 为辐射换热过程示意图。

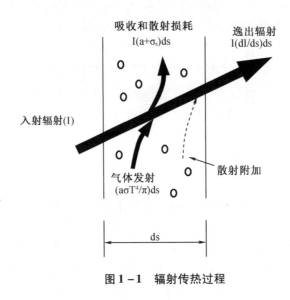

图 1-1 辐射传热过程

1.4.4 多表面(S2S)辐射模型

Airpak 中默认使用的辐射模型是多表面辐射模型。离开给定表面的热流密度由直接辐射和反射的热量组成。反射的热量依赖于来自周围环境的入射热流密度,可以用离开所有其他表面的热流密度来表示。从 k 表面辐射的热量是

$$q_{\text{out},k} = \varepsilon_k \sigma T_k^4 + \rho_k q_{\text{in},k} \tag{1-68}$$

式中 $q_{\text{out},k}$——离开 k 表面的热流密度,W/m^2;

ε_k——发射率;

σ——玻尔兹曼常数;

T_k——k 表面的温度,K;

$q_{\text{in},k}$——周围环境入射到 k 表面的热流密度 W/m^2。

从一个表面入射到另一个表面上的热量是一个"面-面"的角系数 F_{jk} 的直接函数。角系数 F_{jk} 是热量从表面 k 入射到表面 j 的比例。入射热流密度 $q_{\text{in},k}$ 可以用离开所有其他表面的热流密度来表示:

$$A_k q_{in,k} = \sum_{j=1}^{N} A_j q_{out,j} F_{jk} \qquad (1-69)$$

式中 A_k——表面 k 的面积，m^2；

F_{jk}——表面 k 和表面 j 之间的角系数。

对于 N 表面，利用角系数的相对性可以给出

$$A_j F_{jk} = A_k F_{kj}(j=1,2,3,\cdots,N) \qquad (1-70)$$

所以

$$q_{in,k} = \sum_{j=1}^{N} F_{kj} q_{out,j} \qquad (1-71)$$

因此

$$q_{out,k} = \varepsilon_k \sigma T_k^4 + \rho_k \sum_{j=1}^{N} F_{kj} q_{out,j} \qquad (1-72)$$

上式也可以写成

$$J_k = E_k + \rho_k \sum_{j=1}^{N} F_{kj} J_j \qquad (1-73)$$

式中 J_k——从 k 表面发出的热量（或辐射）；

E_k——表面 k 自身辐射出的热量，上式代表了 N 个方程，可以用矩阵形式表示：

$$\boldsymbol{KJ} = \boldsymbol{E} \qquad (1-74)$$

式中 K——一个 $N \times N$ 矩阵；

J——辐射向量；

E——辐射力向量。

方程（1-74）称为辐射矩阵方程。两个有限曲面 i 和 j 之间的角系数为：

$$F_{ij} = \frac{1}{A_i} \iint_{A_i A_j} \frac{\cos\theta_i \cos\theta_j}{\pi r^2} \delta_{ij} dA_i dA_j \qquad (1-75)$$

式中，δ_{ij} 取决于 dA_j 到 dA_i 是否可见。如果 dA_j 对 dA_i 可见，$\delta_{ij}=1$，不可见为 0。

1.4.5 离散坐标（DO）辐射模型

离散坐标（DO）辐射模型求解的是从有限个立体角发出的辐射传播方程（RTE），每个立体角对应着笛卡儿坐标系 (x,y,z) 下的固定方向 $\vec{s}$。角离散化的精度可以根据用户解决问题的类型对默认参数进行设置。DO 模型将方程（1-67）转化为在空间坐标系 (x,y,z) 下辐射强度的输运方程。有多少个立体角方向 $\vec{s}$，就求解多少个辐射强度输运方程。求解方法与流体流动和能量方程的求解方法相同。

在 Airpak 中，离散坐标模型使用了被称为有限体积法的守恒差分格式，并将其扩展到非结构化网格上。

1. DO 方程

DO 模型将沿 $\vec{s}$ 方向的辐射传递方程看作一个场方程。因此，方程（1-67）可以写为：

$$\nabla \cdot (I(\vec{r},\vec{s})\vec{s}) + (a+\sigma_s)I(\vec{r},\vec{s}) = an^2\frac{\sigma T^4}{\pi} + \frac{\sigma_s}{4\pi}\int_0^{4\pi} I(\vec{r},\vec{s}')\Phi(\vec{s}\cdot\vec{s}')\mathrm{d}\Omega'$$

$$(1-76)$$

2. 角度的离散和像点处理

在某一发射辐射的空间位置,其 4π 空间角八个象限的每个象限均可被离散成 $N_\theta \times N_\varphi$ 个空间角,称为控制角,在笛卡儿坐标系中的表示如图 1-2 所示。控制角 θ 和 φ 的范围 $\Delta\theta$ 和 $\Delta\varphi$ 是常数。每个控制角对应笛卡儿坐标系下的固定方向 $\vec{s}$。当计算域使用结构化网格时,可以将全局角度离散方向与控制面的方向对齐,如图 1-3 所示。然而,对于广义非结构化网格,控制体面通常不会与全局角度离散方向完全对齐,如图 1-4 所示,这导致了控制角(与网格面)交错的问题。

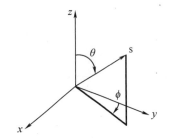

图 1-2 离散角的参考坐标系

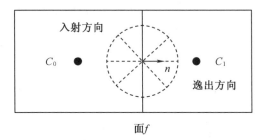

图 1-3 不存在控制角交错的网格面

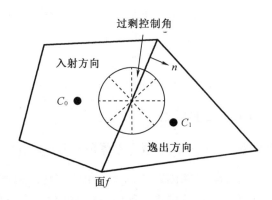

图 1-4 存在控制角交错的网格面

一般来说,控制角可以跨越控制面,因此辐射就会部分进入这个网格面,部分流出此网格面。图 1-5 显示了一个控制角跨越控制面的 3D 示例。

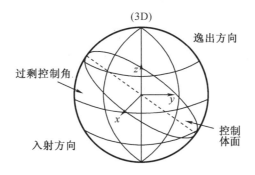

图 1-5　有控制角跨越控制面(3D)

控制体面以任意角度切割表示角空间的球体,交线是一个大圆。由于反射和折射,也可能出现控制角交错。在这种情况下,正确地考虑交错的比例是很重要的,这种考虑是通过使用像点实现的。

每一个交错的控制角都被分成 $N_{\theta_p} \times N_{\varphi_p}$ 个像点,如图 1-6 所示。每个像点中包含的能量被视为流入或流出表面两部分。因此,可以通过像点来考虑交错比例的影响。对于漫灰辐射,缺省的像点设置 1×1 是足够精确的;对于涉及对称边界的问题,推荐使用 3×3 的像点设置。

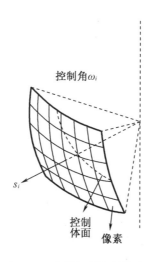

图 1-6　交错控制角的像点

3. 漫灰辐射壁面边界条件的处理

对于灰体辐射,壁面的入射辐射热流 q_{in} 为:

$$q_{\text{in}} = \int_{\vec{s} \cdot \vec{n} > 0} I_{\text{in}} \vec{s} \cdot \vec{n} \mathrm{d}\Omega \tag{1-77}$$

离开壁面的净辐射热流为:

$$q_{\text{out}} = (1 - \varepsilon_\omega) q_{\text{in}} + n^2 \varepsilon_\omega \sigma T_\omega^4 \tag{1-78}$$

其中,n 为紧靠壁面介质的折射率。对于所有离开壁面的方向 $\vec{s}$,壁面的辐射强度为:

$$I_0 = q_{out}/\pi \tag{1-79}$$

4. 在对称边界上的边界条件处理

在对称边界处，反射光线 $\vec{s}_r$ 的方向与入射方向 $\vec{s}$ 对应：

$$\vec{s}_r = \vec{s} - 2(\vec{s} \cdot \vec{n})\vec{n} \tag{1-80}$$

此外，

$$I_\omega(\vec{s}_r) = I_\omega(\vec{s}) \tag{1-81}$$

5. 入口和出口的边界条件处理

净辐射热流密度的计算方法与壁面辐射热流密度的计算方法相同，如上所述。Airpak 假设所有的进气口和出气口的辐射率为 1.0（黑体吸收）。

1.5　求解进程

1.5.1　数值格式概述

Airpak 将求解质量和动量控制积分方程，并在适当的时候求解能量和其他标量，如湍流。采用的数值算法是控制体积法，计算过程如下：

- 使用计算的网格将区域划分为离散的控制体。
- 对控制方程在各个控制体上进行积分，以构建离散变量（未知数）的代数方程，这些离散变量包括速度、压力、温度和其他守恒标量。
- 将离散方程线性化，得到线性方程组的解，从而得到变量的更新值。

对控制方程依次求解，因为控制方程是非线性的（并且是耦合的），所以在得到收敛解之前，必须进行多次迭代。每次迭代的步骤如图 1-7 所示，每次迭代的过程如下：

（1）基于当前解更新流体参数。如果计算刚刚开始，将根据初始化的结果更新流体参数。

（2）为了更新速度场，使用压力和表面质量流量依次求解 u、v 和 w 的动量方程。

（3）由于在步骤（2）中获得的速度可能不满足当地的连续性方程，因此从连续性方程和线性化的动量方程中导出了用于压力校正的"泊松型"方程。然后求解该压力修正方程，对压力场、速度场和表面质量通量进行必要的修正，以满足连续性方程。

（4）在适当的情况下，湍流、能量和辐射等标量的方程可以使用之前更新的其他变量值来求解。

（5）对方程组的收敛性进行检验。

继续执行这些步骤直到满足收敛条件。

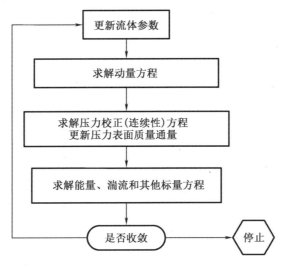

图 1-7 求解方法概述

离散的、非线性的控制方程被线性化,使每个计算单元中为变量产生一个方程组。然后求解得到的线性方程组,得到一个更新的流场解。

控制方程线性化的方式采用了隐式的形式,与相关的独立变量(或一组变量)有关。对于给定的变量,每个单元中的未知值是根据已知或未知的相邻单元的值计算的。因此每个未知数都会出现在不止一个方程中。因此,这些方程必须同时求解才能得到未知变量。

这将得到一个线性方程组,对于计算域中的每个单元都有一个方程。因为每个单元格只有一个方程,所以有时称为"标量"方程组。将点隐式(Gauss - Seidel)线性方程求解器与代数多重网格(AMG)方法相结合,求解每个单元中独立变量的标量方程组。例如,将 x - 动量方程线性化,得到一个 u 速度为未知数的方程组。同时求解这个方程组(使用标量 AMG 求解器)得到一个更新的 u 速度场。

总之,Airpak 通过同时考虑所有单元来解决单个变量场(例如 p)。然后,它通过再次同时考虑所有单元格来解决下一个变量场,以此类推。

1.5.2 空间离散

Airpak 使用控制体积法将控制方程转换成可以数值求解的代数方程。这种控制体积法包括对每个控制体积的控制方程进行积分,得到基于控制体的每个变量都守恒的离散方程。

考虑标量 φ 输运的稳态守恒方程可以很容易进行控制方程的离散化。对于任意控制体积 V,积分形式的方程如下所示:

$$\oint \rho \varphi \vec{v} \cdot d\vec{A} = \oint \Gamma_\varphi \nabla \varphi \cdot d\vec{A} + \int_V S_\varphi dV \qquad (1-82)$$

式中 ρ——密度;

$\vec{v}$——速度矢量(二维时 $= u\vec{i} + v\vec{j}$);

$\vec{A}$——表面矢量;

Γ_φ——φ 的扩散系数;

∇_φ——φ 的梯度(二维时 $= \left(\frac{\partial \varphi}{\partial x}\right)\vec{i} + \left(\frac{\partial \varphi}{\partial y}\right)\vec{j}$);

S_φ——每个单元体积 φ 的源项。

方程(1-82)适用于计算域中的每个控制体或单元。图 1-8 中所示的二维三角形单元就是这种控制体的一个例子。方程在给定单元上离散化可以得出下式:

$$\sum_f^{N_{faces}} \rho \vec{v}_f \varphi_f \vec{A}_f = \sum_f^{N_{faces}} \Gamma_\varphi (\nabla \varphi)_n \vec{A}_f + S_\varphi V \qquad (1-83)$$

式中 N_{faces}——封闭单元面的数量;

φ_f——流过表面 f 的 φ 值;

$\rho \vec{v}_f \cdot \vec{A}_f$——流过表面的质量流率;

$\vec{A}_f$——面 f 的面积,$|A|$(二维时 $= |A_x\vec{i} + A_y\vec{j}|$);

$(\nabla \varphi)_n$——$\nabla \varphi$ 垂直于面 f 的大小;

V——单元体积。

Airpak 中求解的方程与上面给出的方程具有相同的一般形式,并且很容易应用于由任意多面体组成的多维非结构化网格。

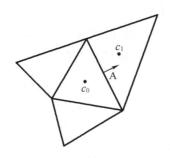

图 1-8 用于说明标量输运方程离散化的控制体积

Airpak 在单元中心(图中的 c_0 和 c_1)存储标量 φ 的离散值。然而,方程(1-83)中的对流项需要表面值 φ_f,需要从单元中心插值。这是通过迎风格式实现的。

迎风意味着表面值 φ_f 来源于上游单元物理量,"迎风"是指相对于方程(1-83)中法向速度 v_n 的方向。Airpak 允许用户选择两个迎风格式:一阶迎风,二阶迎风。这些格式说明如下。

方程(1-83)中的扩散项是中心差分的,并且具有二阶精度。

1. 一阶迎风格式

当要求一阶精度时,通过假设任意场变量的单元中心值来代表单元平均值,并认为在整个单元中该物理量保持不变,来确定单元面处的物理量;即表面物理量与单元物理量相同。因此当选择一阶迎风格式时,表面值 φ_f 等于上游单元的单元中心 φ 值。

2. 二阶迎风格式

当需要二阶精度时,使用多维线性重建方法计算单元面处的物理量。在这种方法中,通过对单元中心解的泰勒级数展开,在单元面实现了高阶精度。因此,当选择二阶迎风时,表面值 φ_f 使用以下表达式计算:

$$\varphi_f = \varphi + \nabla\varphi \cdot \vec{\Delta s} \qquad (1-84)$$

式中　φ 和 $\nabla\varphi$ ——单元的值和它与上游单元的梯度;

$\vec{\Delta s}$ ——上游单元中心到表面中心的位移矢量。

这个方程需要每个单元中的梯度 $\nabla\varphi$。这个梯度是用散度定理计算的,用散度定理计算的离散形式为:

$$\nabla\varphi = \frac{1}{V}\sum_{f}^{N_{\text{faces}}} \tilde{\varphi}_f \vec{A} \qquad (1-85)$$

这里表面值 $\tilde{\varphi}_f$ 是计算相邻两个单元 φ 的平均值得到的。梯度 $\nabla\varphi$ 的大小受限,所以没有新的极大值或极小值产生。

3. 离散方程的线性形式

离散标量输运方程(1-83)包含单元中心的未知标量变量 φ 及周围单元的未知值。一般来说,这个方程对于这些变量是非线性的。方程(1-83)的线性化形式可以写成

$$a_P\varphi = \sum_{nb} a_{nb}\varphi_{nb} + b \qquad (1-86)$$

式中,下标 nb 指周围单元,a_P 和 a_{nb} 分别为 φ 和 φ_{nb} 的线性化系数。

每个单元的周围单元的数量取决于网格拓扑结构,但通常等于包围该单元格的面数(边界单元格除外)。

可以为网格中的每个单元编写类似的方程。这就得到了一组具有稀疏系数矩阵的代数方程。对于标量方程,Airpak 使用点隐式(Gauss – Seidel)线性方程求解器,结合第 1.5.4 节中描述的代数多重网格(AMG)方法求解这个线性方程组。

4. 欠松弛

由于 Airpak 求解方程的非线性,有必要控制 φ 的变化。这通常是通过亚松弛来控制,从而减少在每个迭代过程中产生的 φ 的变化。简单的形式是,计算单元内变量 φ 的新值取决于旧值 φ_{old} 及计算过程中 φ 的变化 $\Delta\varphi$ 和亚松弛因子 α,φ 的计算式如下:

$$\varphi = \varphi_{\text{old}} + \alpha\Delta\varphi \qquad (1-87)$$

5. 动量和连续性方程的离散

在本节中,将讨论与动量和连续性方程离散化及其解相关的特殊例子。为使这些例子更容易描述,以稳态的连续性和动量方程的积分形式为例:

$$\oint \rho\vec{v} \cdot \vec{dA} = 0 \qquad (1-88)$$

$$\oint \rho\vec{vv} \cdot \vec{dA} = -\oint p\mathbf{I} \cdot \vec{dA} + \oint \bar{\bar{\tau}} \cdot \vec{dA} + \int_V \vec{F}dV \qquad (1-89)$$

式中　$\mathbf{I}$ ——单位矩阵;

$\bar{\bar{\tau}}$ ——应力张量;

$\vec{F}$ ——力矢。

(1) 动量方程的离散

本节前面描述的标量输运方程的离散格式也用于动量方程的离散化。例如，可以通过设定 $\varphi = u$ 得到 x 动量方程：

$$a_P u = \sum_{nb} a_{nb} u_{nb} + \sum p_f A \cdot \hat{i} + S \quad (1-90)$$

如果压力场和表面质量流量已知，则方程(1-90)可以按本节前面所述的方法求解，并得到速度场。然而，如果压力场和表面质量流量不是先前已知的，则必须作为解的一部分得到。在压力的存储和压力梯度项的离散化方面存在一些重要的问题，本节稍后将讨论这些问题。

Airpak 采用同位网格方式，即压力和速度都存储在单元中心。然而，方程(1-90)要求 c_0 和 c_1 单元之间的压力值，如图 1-8 所示。因此，需要一种插值方式来从单元格压力值计算表面压力值。

(2) 压力插值方式

Airpak 中的默认压力插值方式是标准方式。该方式利用动量方程系数处理表面压力插值。只要单元中心之间的压力变化平稳，这个过程就算得很好。当控制体之间的动量源项存在跳跃或较大的梯度时，单元表面的压力值将有较大的梯度，此时不能用这种方法插值，若还采用这种方式，会导致单元速度过大或过小。

对于标准压力插值方式有困难的流动，包括有较大体积力的流动，如强旋流和高瑞利数的自然对流。在这种情况下，有必要在高梯度区域进行网格填充，以充分解决压力变化的问题。

另一个误差来源是 Airpak 假定壁面的法向压力梯度为 0。这对边界层是有效的，但在存在体积力或曲率的情况下不成立。同样，不能正确解释壁面压力梯度还表现为速度矢量指向壁面内外。

Airpak 中可用的另一种方案是体积力加权方式。该方式通过假设流体的法向加速度由压力梯度和体积力在每个面上连续产生来计算表面压力。如果在动量方程（如浮力和轴对称旋流计算）中预先知道物体的力，这种方法就很有效。该方案适用于高瑞利数的自然对流。

(3) 连续性方程的离散

方程(1-88)可以在图 1-8 的控制体上积分，得到如下离散方程

$$\sum_f^{N_{faces}} J_f A_f = 0 \quad (1-91)$$

式中，J_f 为通过表面 f 的质量流速，$J_f = \rho v_n$。

如第 1.5.1 节所述，动量和连续性方程依次求解。在这个过程中，连续性方程被用作压力修正方程。然而，由于密度与压力没有直接关系，对于不可压缩流，压力没有明确地出现在方程(1-91)中。SIMPLE（半隐式压力关联方程法）算法用于将压力引入连续性方程。这一过程概述如下。

为了后续计算，有必要将速度 v_n 的面值与单元中心存储的速度值联系起来。利用单元中心速度值对表面进行线性插值会导致不合理的压力场检测问题。Airpak 使用类似于 Rhie

和 Chow 所描述的方法来防止不合理压力场的检测。速度 v_n 的表面值不是线性平均的,而是使用基于公式中系数 a_P 的加权因子进行了动量加权平均。在此过程中,表面流速 J_f 可以写成

$$J_f = \hat{J}_f + d_f(p_{c0} - p_{c1}) \tag{1-92}$$

式中 p_{c0} 和 p_{c1} ——表面两侧单元的压力;

$\hat{J}_f$ ——包含了这些单元速度的影响(见图 1-8)。

d_f 项是 $\bar{a}_P$ 的函数,$\bar{a}_P$ 是表面两侧单元中动量方程中系数 a_P 的平均值。

6. SIMPLE 算法中压力速度耦合

利用方程(1-92)由离散连续性方程(方程(1-91))推导出压力方程,实现压力-速度耦合。Airpak 使用 SIMPLE(压力关联方程的半隐式方法)压力-速度耦合算法。该算法利用速度和压力修正之间的关系来实现质量守恒,从而得到压力场。

如果用猜测的压力场 p^* 来解动量方程,得到的表面流量 J_f^* 如方程(1-93)所示:

$$J_f^* = \hat{J}_f^* + d_f(p_{c0}^* - p_{c1}^*) \tag{1-93}$$

上式不满足连续性方程。因此,校正项 J_f' 被添加到表面流量 J_f^* 中,从而使校正后的表面流量 J_f 如下:

$$J_f = J_f^* + J_f' \tag{1-94}$$

此时满足连续性方程。SIMPLE 算法中假设的 J_f' 被写成

$$J_f' = d_f(p_{c0}' - p_{c1}') \tag{1-95}$$

式中,p' 为修正后的单元压力。

SIMPLE 算法将通量修正方程(方程(1-94)和(1-95))代入离散连续性方程(方程(1-91)),得到单元内压力修正 p' 的离散方程:

$$a_P p' = \sum_{nb} a_{nb} p_{nb}' + b \tag{1-96}$$

其中源项 b 为流入单元的净流量:

$$b = \sum_f^{N_{faces}} J_f^* A_f \tag{1-97}$$

压力修正方程(方程(1-96))可采用第 1.5.4 节所述的代数多重网格(AMG)方法求解。一旦获得解,单元内压力和表面流速可按下式修正:

$$p = p^* + \alpha_p p' \tag{1-98}$$

$$J_f = J_f^* + d_f(p_{c0}' - p_{c1}') \tag{1-99}$$

式中,α_p 为压力亚松弛因子(见方程(1-87)中亚松弛及相关描述信息)。修正后的面流速 J_f 在每次迭代过程中都完全满足离散的连续性方程。

1.5.3 时间离散

在 Airpak 中,时间相关的方程必须在空间和时间上离散化。时间相关方程的空间离散化与稳态情况相同(见第 1.6.2 节)。时间离散化涉及微分方程中每一项在时间步长 Δt 上的积分。瞬态项的积分很简单,如下所示。

变量 φ 对时间离散的通用表达式为：

$$\frac{\partial \varphi}{\partial t} = F(\varphi) \qquad (1-100)$$

函数 F 包含任何空间离散化。如果用向后差分法对时间导数进行离散，则可得到一阶精确时间离散：

$$\frac{\varphi^{n+1} - \varphi^n}{\Delta t} = F(\varphi) \qquad (1-101)$$

式中　φ——一个标量；
　　　$n+1$——下一时刻($t + \Delta t$ 时刻)的值，n 为当前时刻(t 时刻)的值。

一旦时间导数离散，$F(\varphi)$ 的值面临一个选择：特别是 F 应该取哪一个时刻的值？

一个方法(该方法用于 Airpak)是取 $F(\varphi)$ 在下一个时刻的值：

$$\frac{\varphi^{n+1} - \varphi^n}{\Delta t} = F(\varphi^{n+1}) \qquad (1-102)$$

这被称为"隐式"积分，因为给定单元的 φ 值是由相邻单元 φ^{n+1} 的值决定：

$$\varphi^{n+1} = \varphi^n + \Delta t F(\varphi^{n+1}) \qquad (1-103)$$

这个隐式方程可以通过将 φ^i 初始化为 φ^n 来求解，并迭代这个方程

$$\varphi^i = \varphi^n + \Delta t F(\varphi^i) \qquad (1-104)$$

直到不再改变(收敛)。在这个点，φ^{n+1} 被设置为 φ^i。完全隐式格式的优点是它相对于时间步长是无条件稳定的。

1.5.4　多重网格

本节描述在 Airpak 中使用的多重网格方法的数学基础。

1. 方法

Airpak 采用多重网格方式，通过计算一系列粗网格级别上的修正来加速求解器的收敛。特别是当模型包含大量控制体时，使用这种多重网格方式可以极大地减少获得收敛解所需的迭代次数和 CPU 时间。

(1) 多重网格的必要性

在非结构网格上的线性化方程的隐式解是复杂的，因为不能等效成在结构网格上常用的线性迭代方法。由于直接的矩阵求逆在实际问题中是不可能的，而且依赖共轭梯度法的"全域"求解器也有与之相关的鲁棒性问题，因此选择的方法是点隐式求解器，如 Gauss - Seidel。虽然 Gauss - Seidel 方案可以快速地消除解决方案中的局部(高频)误差，但是全局(低频)误差的降低速度与网格大小成反比。因此，对于大量节点，求解器"停止"，残差的减小将变得非常慢。

多重网格技术允许通过使用一系列连续的粗网格来解决全局误差。这种方法是基于精细网格上的全局误差可以由粗网格表示的原则，而粗网格可以再次接近当地误差(高频)。因为总体而言，有较少的粗单元。全局修正可以使相邻单元之间的交流更迅速。由于计算可以在较粗的网格上以指数衰减的代价执行，因此有可能非常有效地消除全局误差。在这种情况下，无论是点隐式的 Gauss - Seidel 还是显式多级方案，都不需要精细网格松弛方式

来特别有效地减少全局误差,并且可以进行调整以有效地减少局部误差。

(2) 多重网格中的基本概念

考虑离散化的线性(或线性化)方程组

$$A\varphi_e + b = 0 \tag{1-105}$$

其中 φ_e 是精确解。在解收敛之前,将会有一个与近似解 φ 相关的误差 d:

$$A\varphi + b = d \tag{1-106}$$

我们寻求一个校正 φ 的 ψ,这样精确解就可以写为:

$$\varphi_e = \varphi + \psi \tag{1-107}$$

将方程(1-107)代入方程(1-105),可得

$$A(\varphi + \psi) + b = 0 \tag{1-108}$$

$$A\psi + (A\varphi + b) = 0 \tag{1-109}$$

现在,用方程(1-106)和(1-109),可以得出

$$A\psi + d = 0 \tag{1-110}$$

这是一个关于初始细化操作算子 A 和误差 d 的修正方程,假设经过在较细网格上的迭代,当地误差(高频)已经充分下降,修正的变化将很小,从而可在下一个较粗网格上更有效地求解。

(3) 限制和延拓

求解粗网格的修正需要将细网格的误差向下转移(限定),计算修正,然后再将修正结果从粗网格向上转移(延拓)。我们可以写出粗化修正 ψ^H 的方程

$$A^H \psi^H + Rd = 0 \tag{1-111}$$

其中 A^H 为粗级算子,R 为限制算子,负责将精细级别误差转移到粗级。由更新之后的精细级别解可以给出方程(1-111)的解为:

$$\varphi^{new} = \varphi + P\psi^H \tag{1-112}$$

其中 P 为延拓算子,用于将粗略级别的修正提高到精细级别。

(4) 非结构多重网格

在非结构化网格上使用多重网格的主要困难是创建和使用粗糙的网格层次结构。在一个结构化的网格中,粗网格可以简单地通过从精细网格中删除其他网格线来形成,并且延长和限制算子很容易定义(例如,注入和双线性插值)。

2. 多重网格循环

多重网格循环可以定义为一个递归过程,当它在网格层次结构中移动时应用于每个网格级别。Airpak 提供三种类型的多重网格循环:V、W 和弹性("flex")循环。

(1) V 和 W 循环

图 1-9 和 1-10 显示了 V 和 W 多重网格循环(定义如下)。在每个图中,多重网格循环由一个正方形表示,然后展开以显示循环内执行的各个步骤。当你阅读下面的步骤时,你可以遵循这些步骤。

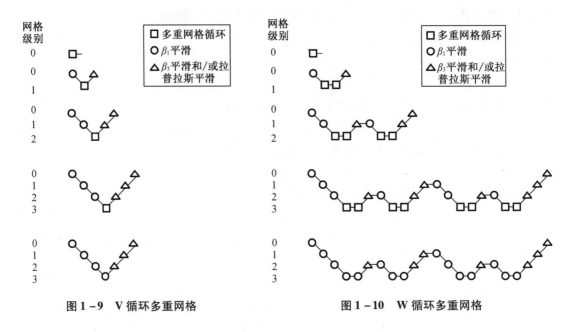

图 1-9 V 循环多重网格   图 1-10 W 循环多重网格

对于 V 和 W 循环，层次结构的遍历是由三个参数控制的，分别为 β_1，β_2，β_3：

① β_1 "平滑"（有时称为预松弛扫描），在当前网格级别时执行，用于降低高频部分的误差（当地误差）。

在图 1-9 和 1-10 中，这个步骤用一个圆圈表示，标志着多重网格循环的开始。误差的高频组分应该减少，直到剩下的误差可以在下一个较粗的网格上表示而没有明显的混叠。

如果这是最粗的网格级别，那么此级别上的多重网格循环就完成了。（在图 1-9 和 1-10 中，有 3 个粗网格层，因此代表 3 层多重网格循环的正方形相当于图中最后一个示意图所示的循环。）

注意：在 Airpak 中，β_1 为 0，即不进行预松弛。

② 接下来，就是使用适当的限制算子将问题"限制到"下一个较粗的网格级别。

在图 1-9 和 1-10 中，从较细网格级别到较粗网格级别的限制由一条向下倾斜的线表示。

③ 粗网格上的误差通过执行 β_2 上的循环（图 1-9 和 1-10 中方块表示）减少了。通常，固定多重网格策略 β_2 是 1 或者 2，分别对应 V 循环和 W 循环多重网格。

④ 然后，使用适当的延拓算子将粗网格上计算的累积修正插入到细网格中，并添加到细网格的解中。在图 1-9 和 1-10 中，延拓用一条向上倾斜的线表示。现在在精细网格级别上出现的高频误差是由于传递校正的延长过程造成的。

⑤ 在最后一步，执行 β_3 "平滑"（后松弛）来去除 β_2 多重网格循环在粗网格上引入的高频误差。

在图 1-9 和 1-10 中，这个松弛过程用一个三角形表示。

(2) 弹性循环

对于弹性循环，使用粗网格修正的计算是由图 1-11 所示的多重网格程序逻辑来控制的。此逻辑确保在当前网格级别上的残差过低时调用较粗的网格计算。此外，多重网格控制规定了当前粗网格级别上的校正迭代解何时充分收敛,并应用到下一层精细网格上。这两个决策由图 1-11 所示的参数 α 和 β 来控制。请注意,多重网格程序的逻辑是这样的:在某一方程的单个全局迭代中可能重复访问网格级别。对于一组 4 层多重网格,称为 0,1,2 和 3,用于求解给定传输方程的弹性多重网格程序可能按这样的顺序访问网格层,例如 0 - 1 - 2 - 3 - 2 - 3 - 2 - 1 - 0 - 1 - 2 - 1 - 0。

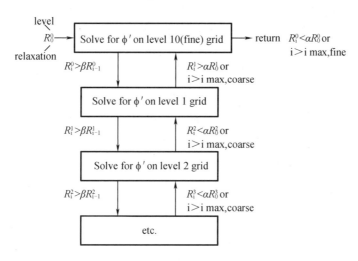

图 1-11　复杂多重网格的逻辑控制

弹性循环和 V 循环、W 循环之间的主要区别在于,在弹性循环中,由残差减小的公差和终止判据的满足情况来确定何时访问每层及访问的频率,而 V 和 W 循环转换模式是明确定义的。

残差降低速率判据:

当当前级别上的误差降低速率不足时,多重网格程序调用下一个较粗网格级别上的计算,判断公式如下:

$$R_i > \beta R_{i-1} \tag{1-113}$$

这里 R_i 是当前网格级别上残差的绝对值之和,它是在这个级别上进行第 i 次松弛后计算得到的。上述方程表明,如果在第 i 次松弛后的迭代解中残差大于一定值 β(在 0 和 1 之间)乘以在第 $(i-1)$ 次松弛后的残差,则应该访问下一个粗网格级别。因此 β 称为残差减小公差,并确定在当前的网格级别中何时"放弃"迭代解,并移动到下一个粗网格上求解修正方程。β 的值控制粗网格级别的访问频率,默认值是 0.1。β 值越大,访问次数越少,值越小,访问次数越多。

终止判据:

在残差降低速率足够快的情况下,修正方程将在当前网格级收敛,结果将应用于下一个更细网格级的计算。

当修正解的误差降低到这个网格级别的初始误差的一定比例 α(0 到 1),这个当前网格级别的修正方程被认为是充分收敛的:

$$R_i < \alpha R_0 \tag{1-114}$$

其中 R_i 为当前网格级别上的第 i 次迭代后的残差，R_0 为在这个网格级别上初始得到的当前全局迭代时的残差。参数 α 称为终止判据，默认值是 0.1。请注意，在多重网格程序中，上面的方程还用于终止在最低（最细）网格级别上的计算。因此，松弛在每个网格级别上持续（包括最细的网格级别），直到满足该方程的判据（或者如果未达到指定的判据，但达到最大松弛次数）。

3. 约束、扩展和粗级算子

Airpak 中的多重网格算法被称为"多重网格代数"（AMG）方法，因为正如我们将看到的，粗级别的方程是在没有使用任何几何图形或在粗级别上重新离散的情况下生成的，这一特性使得 AMG 特别适合在非结构化网格上使用。其优点是不需要构建或存储粗糙网格，也不需要在粗糙级别上计算通量或源项。这种方法与 FAS（有时称为"几何"）多重网格不同，FAS（有时称为"几何"）多重网格需要网格的层次结构，离散方程在每个层次上进行评估。从理论上讲，与 AMG 相比，FAS 的优点在于它可以更好地处理非线性问题，因为系统中的非线性通过再离散化被代入粗级别；当使用 AMG 时，一旦系统被线性化，解算器就不会"感觉"到非线性，直到下一次更新精细级别算子。

(1) AMG 约束和延长算子

这里使用的约束和延长算子是基于 Hutchinson 和 Raithby 描述的用于结构化网格的额外校正（AC）策略。层间传递是通过分段常数插值和延拓来实现的。任何粗级别单元的误差都是由它所包含的细级别单元的误差之和给出的，而细级别修正则是通过引入粗级别值得到的。这样，延拓算子由约束算子的转置得到

$$P = R^T \tag{1-115}$$

约束算子是由细级别单元的粗化或"群组"成粗级别来定义的。在此过程中，每个精细级别单元都与一个或多个最强壮的"邻居"分组，并优先考虑当前未分组的邻居。该算法试图将单元收集到固定大小的组中，通常是两个或四个，但可以指定任何数量。在分组中，最强是指当前单元 i 的邻居 j，其系数 A_{ij} 最大。对于耦合方程组，A_{ij} 是一个块矩阵，其大小的度量就是它的第一个元素的大小。此外，给定单元的耦合方程组是一起处理的，而不是在不同的粗糙单元之间分割的，这使得系统中的每个方程都变得粗糙。

(2) AMG 粗级别算子

粗级别算子 A^H 是用伽辽金方法构造的。在此，当要求转为粗级别时，精细级别修正解的误差必须消失。因此可以写成

$$Rd^{new} = 0 \tag{1-116}$$

代入方程(1-106)和(1-112)可得

$$R[A\varphi^{new} + b] = 0$$
$$R[A(\varphi + P\psi^H) + b] = 0 \tag{1-117}$$

现在重新整理方程(1-106)，再一次给出

$$RAP\psi^H + R(A\varphi + b) = 0$$
$$RAP\psi^H + Rd = 0 \tag{1-118}$$

将方程(1-118)与方程(1-111)进行比较，得到粗级别算子表达式如下：

$$A^H = RAP \tag{1-119}$$

粗级别算子的构造因此简化为一组内所有细级别单元的对角块和相应的非对角块的总和,从而形成该组粗级别单元的对角块。

1.5.5 求解残差

在求解过程中,可以通过检查残差动态地监测收敛性。在每次迭代结束时,计算并存储每一个守恒变量的残差和,从而记录收敛历史,此历史记录也保存在数据文件中。残差和定义如下。

在具有无限精度的计算机上,随着解的收敛,这些残差将趋于0。在实际的计算机上,残差会衰减小到一个较小值("舍入"),然后停止变化("平衡")。对于"单精度"计算(工作站和大多数计算机的默认值),在完成舍入之前,残差最多可以下降6个数量级。双精度残差可以下降到12个数量级。判断收敛性没有通用的标准。对一类问题可行的收敛判据有时对其他类问题并不有效。对于大多数 Airpak 模型,默认收敛标准就足够了,即残差对于除能量方程之外的所有方程都减小到0.001,能量方程减小到10^{-6}。

守恒方程离散化后,对于一般的变量 φ 在单元 P 可以写成

$$a_P \varphi_P = \sum_{nb} a_{nb} \varphi_{nb} + b \tag{1-120}$$

这里 a_P 是中心系数,a_{nb} 是周围单元的影响系数,b 是源项中的常数部分 S_c ($S = S_c + S_P \varphi$)或边界条件。在方程(1-120)中,

$$a_P = \sum_{nb} a_{nb} - S_P \tag{1-121}$$

Airpak 计算的残差 R^φ 是方程(1-120)中所有计算单元 P 的不平衡之和,这被称为"未标度"残差。它可以写成

$$R^\varphi = \sum_{\text{cells } P} \left| \sum_{nb} a_{nb} \varphi_{nb} + b - a_P \varphi_P \right| \tag{1-122}$$

一般情况下,通过检验方程(1-122)定义的残差来判断收敛性是困难的,因为它是未标度的。对于封闭流动,如房间内的自然对流尤为如此,因为没有入口流速来比较残差。Airpak 使用流过区域流量 φ 的比例因子来标度残差。这个按比例标度的"残差"被定义为:

$$R^\varphi = \frac{\sum_{\text{cells } P} \left| \sum_{nb} a_{nb} \varphi_{nb} + b - a_P \varphi_P \right|}{\sum_{\text{cells } P} |a_P \varphi_P|} \tag{1-123}$$

对于动量方程,分母项 $a_P \varphi_P$ 被替换为 $a_P v_P$,v_P 是单元 P 中的速度大小。

标度残差是一个更合适的收敛指标,也是 Airpak 显示的残差。

对于连续性方程,未标度残差定义为:

$$R^c = \sum_{\text{cells } P} |\text{rate of mass creation in cell P}| \tag{1-124}$$

连续方程的标度残差定义为:

$$\frac{R^c_{\text{iteration } N}}{R^c_{\text{iteration } 5}} \tag{1-125}$$

分母是前5次迭代中连续性残差的最大绝对值。

第 2 章　Airpak 软件介绍

2.1　Airpak 的结构和功能

2.1.1　Airpak 的结构

Airpak 是一个准确快捷、易于使用的通风系统设计和分析的仿真软件，它可以便捷地给出室内空气质量(IAQ)、热舒适性和污染物浓度等指标，它使用自动生成的网格，与采用有限体积法的 FLUENT 求解器耦合，集便捷的后处理于一身，是非常有效的空气流动仿真工具。

Airpak 可以用于建模、网格划分、后处理，它使用 FLUENT 作为求解器，并且可以从其他 CAD 软件中导入模型数据，如 IGES 格式、STEP 格式、DXF 格式、DWG 格式和 IFC 格式等。Airpak 的软件结构如图 2-1 所示。

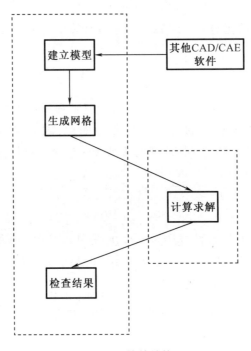

图 2-1　软件结构

2.1.2 Airpak 的功能

1. 建筑模型

Airpak 基于物体模型(object)进行建模,可以使用的物体模型包括房间(rooms)、块(blocks)、风扇(fans)、人(person)、送风口(openings)、回风口(vents)、隔断(partitions)、墙壁(walls)、源(sources)、阻抗(resistances)、换热器(heat exchangers)、吸尘罩(hoods)等。

由于生成网格的需要,Airpak 对定义物体模型的形状有要求,对二维几何结构,可以接受的形状有矩形、圆形、斜面、多边形,对于三维几何结构,可以接受的形状有棱柱、圆柱、椭圆体、椭圆形或同心圆柱体、多边形拉伸圆柱等。

2. 材料

Airpak 中有较为丰富的材料库,材料分为固体、流体和表面材料,Airpak 中可输入导热率各向异性的固体材料,可以自定义随温度变化的材料属性。Airpak 中的气体材料库包括其体积膨胀率、动力黏性系数、密度、比热容、热导率、扩散率和摩尔质量等,材料库中的气体见表 2 – 1。

表 2 – 1 Airpak 材料库中的气体

材料英文	材料中文	材料英文	材料中文
Air	空气	Air(@300K)	27 ℃的空气
Ammonia	氨气	Benzene	苯
Carbon dioxide	二氧化碳	Carbon monoxide	一氧化碳
Chlorine	氯气	Helium	氦气
Helium(@366K)	93 ℃时的氦气	Hydrogen	氢气
Hydrogen sulfide	硫化氢	Methane	甲烷
Nitrogen	氮气	Nitrogen(@300K)	27 ℃时的氮气
Oxygen	氧气	Oxygen(@300K)	27 ℃时的氧气
Sulfur dioxide	二氧化硫	Sulfur hexafluoride	六氟化硫
H_2O	水蒸气	H_2O(@373K)	100 ℃时的水蒸气

3. 物理模型

Airpak 可以计算的内容包括:

- 层流和湍流的流动
- 组分输运模型
- 理想气体
- 稳态和瞬态分析、强制和自然对流
- 固体内部的导热
- 固体和流体区域间的耦合传热
- S2S 辐射传热模型和 DO 辐射传热模型

- 日照负荷模型
- 速度和能量的体积阻力或源项
- 湍流模型
- 接触阻抗模型
- 各向异性的体积流动阻力建模
- 由于内部体积流动阻力而产生的热量
- 用于实际风机建模的非线性风机曲线
- 集总参数模型的风扇、阻力和通风口

4. 边界条件

Airpak 可以定义的边界条件如下：

- 墙和壁面边界条件，可以定义热流量、温度、种类、对流换热系数、辐射和对称边界条件
- 风口，可以定义送回风速度、出口静压、入口总压、入口温度和种类
- 风机，可以定义流量、风机特性曲线、角坐标系下的速度方向
- 外部换热器模拟或者组分过滤的循环边界条件
- 随时间变化或者随温度变化的源项
- 时变的环境温度输入

5. 可视化

Airpak 建立的三维模型在可视化上，可以以速度矢量图、云图、粒子迹线图、网格、切平面和等值面等形式查看计算结果，可以探测某一点的物理量值，可以生成 XY 图。Airpak 中可查看的物理量包括各方向分速度、合速度、温度、组分的质量和物质的量浓度、相对湿度、压力、流量、湍流参数、热舒适性参数等。Airpak 可以生成粒子运动迹线的动画、瞬态计算中随时间变化的云图和矢量图的动画、某一区域内切平面运动的动画，并且可以以 AVI、MPEG、FLI、Flash 和 GIF 格式输出动画。

Airpak 可以以 ASCII 的格式输出所有的求解物理量和推导计算的物理量，可以输出任一点随时间变化的求解结果，可以查看计算过程中的残差变化曲线，可以报告风机特性曲线中风机的工作点，可以将图形区以各种图片格式输出。

6. 应用

Airpak 在暖通空调和污染物控制领域有广泛的应用，包括但不限于以下领域：

- 商业或居民建筑中的通风
- 卫生保健设施
- 通信房间的通风
- 洁净室（制药及半导体）
- 工业空调
- 工业卫生（健康及安全）
- 厨房通风
- 交通舒适性
- 封闭的车辆设施

- 发动机测试设备
- 建筑的外部空气流动
- 建筑设计

2.1.3 Airpak 求解问题的一般步骤

在使用 Airpak 前应对所计算的物理问题有一个基本的认识:该物理问题关心的是稳态分布还是瞬态各个时刻的变化;是否需要考虑重力的影响;组分或热量是否有源或汇,是否会在空间内形成浓度梯度或温度梯度等。物理问题不真实就不可能得到一个真实的解。

采用 Airpak 求解物理问题一般包括以下步骤:

(1)创建工程文件。在明确所要计算的物理问题后,可以创建一个工程文件,注意所创建的文件路径不要有中文或其他 Airpak 难以识别的符号,文件路径也尽量不要放在桌面。

(2)定义问题参数。在创建工程文件后,需要定义问题的基本参数,如辐射模型的选取、湍流模型的选取,以及如果是瞬态问题,瞬态计算的起始时间等。

(3)建立实物模型。根据所选取的物理模型,在 Airpak 中创建室内的布置,定义风口的位置和尺寸等。

(4)生成网格。根据所建立的模型,选择适合的网格类型,定义最大的网格尺寸,或者在风口等空气流动变化较剧烈的地方加密网格。

(5)计算求解。设置求解迭代的步数,在计算过程中选择合适的迭代次数保存一次数据,以便在突发情况下,前期所计算工作不至于清零。

(6)查看结果。计算结束后,可以通过云图、迹线图等查看所计算的物理场是否合理。

(7)生成总结报告。

2.2 Airpak 的主界面和操作系统

Airpak 的用户界面由带有窗口、菜单、工具栏和面板的图形界面组成。本节将概述图形界面,包括有关工具栏、菜单和面板的信息,以及使用鼠标和键盘的细节。Airpak 图形界面如图 2-2 所示。

2.2.1 菜单栏选项区

1. 文件菜单

文件(File)菜单栏如图 2-3 所示,其下主要包括文件的输入输出相关选项。

New project:打开"New project"面板创建一个新的 Airpak 项目。在这里,您可以浏览您的目录结构,创建一个新的项目目录,并输入一个项目名称。

Open project:打开"Open project"面板打开现有的 Airpak 项目。在这里,您可以浏览您的目录结构,找到一个项目目录,并输入一个项目名称,或者从最近的项目列表中指定一个旧的项目名称。此外,您可以为项目指定版本名或编号。

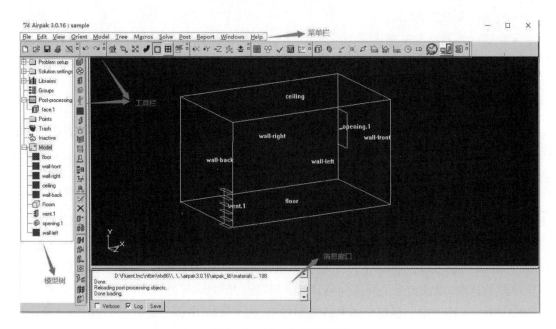

图 2-2　Airpak 图形界面

图 2-3　文件菜单

Merge Project：打开"Merge Project"面板将已有项目合并到当前项目中。

Reload main version：当项目有多个版本时，可通过此选项重新打开 Airpak 项目的原始版本。

Save project：保存当前的 Airpak 项目。

Save project as：打开"Save project"面板以不同的名称保存当前的 Airpak 项目。

Import：提供了将 IGES、DXF 和 tetin 文件几何图形导入 Airpak 的选项。您还可以使用此选项导入 DWG 和 IFC 文件，以及逗号分隔符或电子表格格式（CSV）。

Export：可将当前工作导出到 IGES 文件及逗号分隔符或电子表格格式（CSV/Excel）

文件。

Unpack project：将打开一个"File selection"对话框，允许您浏览和解压.tzr文件。

Pack project：打开一个"File selection"对话框，允许您将项目压缩到一个压缩的.tzr文件中。

Email project：允许您通过指定收件人电子邮件地址、电子邮件主题和消息文本来打包和发送电子邮件。

Cleanup：允许您使用"Clean up project data"面板删除或压缩与网格、后处理、屏幕捕获、摘要输出、报告和草稿文件相关的数据，从而清理您的项目。

Print screen：允许您打印Airpak模型的PostScript图像，该图像使用"Print options"面板显示在图形窗口中。"Print options"面板的输入与"Graphics file options"面板中的输入类似。

Create image file：打开一个"Save image"对话框，允许您将显示在图形窗口中的模型保存到图像文件。支持的文件类型包括：GIF、JPEG、PPM、TIFF、VRML和PS。

Shell window：打开一个运行操作系统Shell的单独窗口。该窗口默认位于包含当前项目所有文件的Airpak项目目录的子目录中。在这个窗口中，您可以向操作系统发出命令，而不需要退出Airpak。在窗口中键入Exit，以在完成使用后关闭窗口。注意，在Windows机器上，此菜单项显示为命令提示符。

Quit：退出Airpak应用。

2. 编辑菜单

编辑(Edit)菜单栏中的选项如图2-4所示。

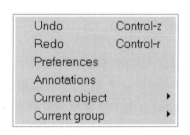

图2-4 编辑菜单栏

Undo：允许您撤销您执行的最后一个模型操作。可以反复使用撤销将您带回执行的第一个操作。

Redo：允许您重做一个或多个先前未完成的操作。此选项仅适用于通过选择"撤销"选项撤销的操作。

Preferences：打开"Preferences"面板，您可以在其中配置图形用户界面。

Annotations：允许您使用注释面板向图形窗口添加注释（例如，标签和箭头）。

Current object：允许您对模型中当前选中的对象执行各种操作。选项包括：

Modify：应用对对象所做的任何更改。

Reset：将当前对象的设置重置为项目打开时的值或上一次更新对象设置时的值。

Copy from：打开"Object selection"面板，您可以在其中选择和复制模型中的其他对象。

Move:打开一个特定于对象的"Move"面板,您可以在其中缩放、旋转、平移或镜像一个对象。

Copy:打开特定于对象的"Copy"面板,您可以在其中创建对象的副本,然后缩放、旋转、转换或镜像复制的对象。

Edit:打开特定于对象的"Edit"窗口,您可以在其中设置各种对象属性。

Delete:从模型中删除对象。

Active:切换对象是否激活。

Remove from group:从其组中移除对象。

Current group:对模型中选择的对象组执行各种操作。选项包括:

Create:创建一个新组。

Add to group:通过在屏幕上选择一个点或区域,或者选择一个对象名称或模式,将对象添加到一个组。

Remove from group:从组中删除对象,方法是在屏幕上选择一个点或区域,或者选择对象名称或样式。

Rename:重命名一个组。

Delete:从模型中删除所选的组。

Copy:打开特定于组的"Copy"面板,您可以在其中创建组的副本,然后缩放、旋转、翻译或镜像复制的组。

Move:打开特定于组的"Move"面板,您可以在其中缩放、旋转、转换或镜像组。

Edit:打开特定于组的"Edit"窗口,您可以在其中设置各种组属性。

Activate all:激活组中的所有对象。

Deactivate all:使所有被选择组中的所有对象失效。

Delete all:从选择的组和 Airpak 模型中删除所有对象。

Create assembly:从选择的组中创建一个集合,并将该集合添加到 Airpak 模型中。

Copy params:将所选对象的参数应用于所选组中所有相同类型的对象。

Save as project:将组保存为 Airpak 项目。

3. 视图菜单

视图(View)菜单栏如图 2-5 所示,主要包括调整窗口背景、模型显示等相关选项。

Summary(HTML):显示 HTML 格式的模型概要。要显示概要,请在视图菜单中选择 Summary (HTML)。Airpak 将自动启动您的 web 浏览器(例如 Netscape、IE)。

Location:显示模型中一个点的坐标。要查找点的坐标,请在"View"菜单中选择 Location。使用鼠标左键在图形窗口中选择该点。Airpak 将在图形窗口和消息窗口中显示您选择的点的坐标。要退出位置模式,在图形窗口中单击鼠标右键。

Distance:计算 Airpak 模型中两个点之间的距离。要查找两点之间的距离,请在"View"菜单中选择 Distance。使用鼠标左键选择图形窗口中的第一个点。Airpak 将在图形窗口和消息窗口中显示您选择的点的坐标。然后同样使用鼠标左键,在图形窗口中选择第二个点。Airpak 将在图形窗口和消息窗口中显示第二个点的坐标,计算两个点之间的距离,并在消息窗口中显示距离。要退出距离模式,请在图形窗口中单击鼠标右键。

图 2-5 视图菜单栏

Angle：计算 Airpak 模型中两个向量之间的夹角。若要查找两个向量之间的角度，请在"View"菜单中选择 Angle。使用鼠标左键在图形窗口中选择一个顶点。然后同样使用鼠标左键选择第一个向量的端点。然后选择第二个向量的端点，同样使用鼠标左键。Airpak 将在消息窗口中显示由这两个矢量创建的角度。

Bounding box：确定模型边界框的最小和最大坐标。要查找模型边界框的最小和最大坐标，请在"View"菜单中选择 Bounding box。Airpak 将在消息窗口中显示模型外壳的最小和最大 x、y 和 z 坐标。

Markers：从 Airpak 模型的图形窗口添加或删除标记。当添加标记时，需要指定添加标记的位置，可以编辑标记的文本内容，添加的标记将始终平行于屏幕显示。

Rubber bands：在图形窗口的两个对象之间添加和删除标尺。可以在图形边上指定两点，该标尺可显示两点之间的距离和方向矢量。

Set background：可以设置图形窗口的背景颜色。背景颜色包括一些基本颜色，也可以在调色板中拾取任意颜色。

Edit toolbars：可以自定义工具栏，包括是否显示这些工具栏。默认情况下，所有工具栏都显示。

Shading：包含控制 Airpak 模型渲染的选项。选项包括：型线显示、实体显示、所选物体型线显示和隐藏线显示。

Display：可以定义图形窗口显示的选项。包括是否显示模型名称、是否显示坐标轴等。

Visible：可以控制某一类模型是否可视。如控制所有 Opening 不可视。

Action：可以启动与运动相关的对象，如风扇。这个动画选项会占用大量的 CPU 时间，建议不要让这个选项一直保持打开状态，而只在需要时使用。该运动没有重要的物理意义，仅用于帮助识别模型组件。

Lights：可以调整光源的位置，得到不同的渲染效果。

4. 方向菜单

方向(Orient)菜单栏如图 2-6 所示,主要作用是调整视图方向。

Home position:选择模型的默认视图,该视图沿着负 Z 轴方向。

Zoom in:允许您通过打开和调整一个窗口来聚焦模型的任何部分。选择此选项后,将鼠标指针置于要缩放区域的一个角落,按住鼠标左键并拖动打开的选择框至所需的大小,然后释放鼠标按钮。选中的区域将填充图形窗口。

Scale to fit:调整模型的整体大小,以最大限度地利用图形窗口的宽度和高度。

Orient positive:将模型朝向 X、Y 或 Z 轴的正方向。

Orient negative:将模型朝向 X、Y 或 Z 轴的负方向。

Isometric view:从矢量与三个轴等距的方向来观察模型。

Reverse orientation:沿当前视图向量的反向方向查看模型,从相反的方向(即旋转180°)。

Nearest axis:将视图定向到与平面垂直的最近的轴。

Save user view:打开"Query"面板,提示输入视图名称,然后使用指定的名称保存当前视图。新视图名将添加到"Orient"菜单底部的用户视图列表。

Clear user views:从"Orient"菜单底部删除用户视图列表。

5. 模型菜单

模型(Model)菜单栏如图 2-7 所示,模型菜单栏下,包括一些对模型的处理,根据所建立的模型生成网格、导入 CAD 模型来辅助建模、进行 S2S 辐射模型中角系数的计算、编辑模型生成网格时的优先性等。

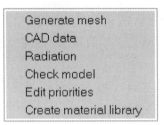

图 2-6 方向菜单栏　　图 2-7 模型菜单栏

Generate mesh:打开"Mesh control"面板,在那里您可以选择一些设置,为您的 Airpak 模型创建一个网格。

CAD data:打开"CAD data"面板,允许您导入 Airpak 并编辑一些使用商业 CAD 程序创建的几何图形。

Radiation：打开"Form factors"面板，您可以在其中为 Airpak 模型中的特定对象建立辐射模型，计算相应的辐射角系数。

Check model：对模型进行检查，以测试是否有设计中的问题。

Snap to gird：打开"Snap to grid"面板，允许您吸附图形窗口中选择的对象到网格。

Edit priorities：打开"Object priorities"面板，允许您对模型中的对象进行优先级排序。Airpak 提供基于对象创建的优先级，并在网格化模型时使用优先级。

Creat material library：允许您保存一个材料库，以便与您的 Airpak 模型一起使用。

6. 树菜单

树(Tree)菜单栏如图 2-8 所示，在树菜单栏中，主要对模型树进行调整。

Find in tree：可以按名称搜索模型树中的模型。

Sort：模型树中各模型的排序方式，包括按模型种类排序、按名称排序、按网格优先级来排序三种。

Organize objects：可以管理模型树的模式，可以在模型树中向下分级，可以再添加模型种类、模型样式、模型形状三级。

Close all tree nodes：允许您通过关闭模型管理器窗口中的所有树节点来简化复杂的树层次结构。

Open all tree nodes：通过打开模型管理器窗口中的所有树节点，允许您查看 Airpak 模型的所有方面。

Close all model nodes：在模型管理器窗口中自动关闭模型节点和它下面的所有节点。

Open all model nodes：在模型管理器窗口中自动打开模型节点和它下面的所有节点。

7. 宏菜单

宏(Macros)菜单栏如图 2-9 所示，宏菜单栏可以进行一些非常规操作。

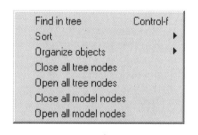

图 2-8　树菜单栏

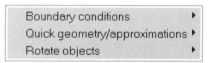

图 2-9　宏菜单栏

Boundary conditions：允许您设置 3 种边界条件。分别是太阳辐射边界条件、大气边界层边界条件、散流器边界条件。

Quick geometry/approximations：可以帮助您采用近似的方法创建一些特殊几何。包括多边形风道、封闭的盒子、1/4 多边形圆柱体、圆柱形板、圆柱形外壳、多边形圆、多边形圆柱、半球。

Rotate objects：可以给您提供更多的旋转选项。可旋转的物体包括单独的平面、单独的棱柱块、单独的多面体块、一组棱柱块。

8. 求解菜单

求解(Solve)菜单栏如图 2-10 所示，主要用于在求解时设置一些参数。

Setting：允许您为 Airpak 项目设置各种求解参数。选项包括：

Basic：打开"Basic settings"面板，在这里您可以指定要执行的迭代次数和收敛判据。

Advanced：打开"Advanced solver setup"面板，您可以在其中指定离散方式、欠松弛因子和多重网格类型。

Parallel：打开"Parallel settings"面板，您可以在其中指定希望执行的执行类型。例如，串行(默认)、并行或网络并行。

Run solution：打开"Solve"面板，您可以在其中设置 Airpak 模型的求解参数。

Run optimization：打开"Parameters and optimization"面板，在这里可以定义参数(设计变量)，并设置优化过程。

Solution monitor：打开"Solution monitors definition"面板，在其中指定计算期间要监视的变量。

Diagnostics：允许您编辑在生成案例文件和求解后创建的输出文件。

Define trials：打开"Parameters and trials"面板，您可以在其中定义模型的试验计算。每次试验都基于 Airpak 中定义的参数值的组合。

Define report：打开"Define summary report"面板，您可以在其中为 Airpak 模型中的任何或所有对象上的变量指定一个汇总报告。

9. 后处理菜单

后处理(Post)菜单栏如图 2-11 所示。菜单的选项说明如下。

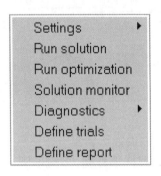

图 2-10 求解菜单栏

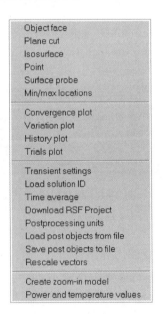

图 2-11 后处理菜单栏

Object face：在模型中显示物体表面上的结果。

Plane cut：在模型的横截面上显示结果。

Isosurface：在模型中定义的等值面上显示结果。
Point：允许您创建点并在模型中的点上显示结果。
Surface probe：在模型中创建的后处理对象上显示结果。
Min/max locations：显示后处理变量的最小值和最大值的位置。
Convergence plot：显示求解的收敛历史。
Variation plot：允许您沿着模型的一条线绘制一个变量线图。
History plot：允许您绘制解随时间变化的历史记录。
Trials plot：允许您在多个试验的指定点绘制解变量。
Transient setting：打开"Post-processing time"面板，您可以在其中设置瞬态模拟的参数。
Load solution ID：允许您选择查看特定的解。
Time average：允许您查看时间平均（瞬态）问题的结果，就好像它是稳态一样。
Download RSF Project：打开"Download RSF Project"面板，您可以使用远程模拟工具（RSF）运行 Airpak 作业，并在 Airpak 中下载结果进行后处理。
Postprocessing units：打开"Postprocessing units"面板，您可以在其中为不同的后处理变量选择单位。
Load post object from file：允许您从文件中加载后处理对象。
Save post object to file：允许您将后期处理对象保存到文件中。
Rescale vectors：允许您重新显示按原始大小绘制的向量。
Create zoom-in model：允许您在 Airpak 模型中放大和定义一个区域，并将该区域保存为一个单独的 Airpak 项目。

10. 报告菜单

报告（Report）菜单栏如图 2-12 所示。菜单的选项说明如下。

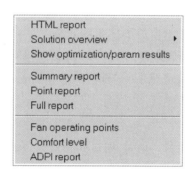

图 2-12　报告菜单栏

HTML report：打开"HTML report"面板，在这里您可以自定义结果并写出一个可以在 web 浏览器中查看的 HTML 文档。
Solution overview：允许您查看和创建解的概览文件。
View：打开一个"File selection"对话框，您可以在其中打开一个解的概览文件（*.overview），这个文件中存储特定解的概览数据。
Create：打开一个"Version selection"面板，您可以选择一个解来创建一个概述文件。

Show optimization/param results：打开一个优化运行面板，在这里您可以查看所有的函数值、设计变量和每个优化迭代的运行时间，以及函数值和设计变量与迭代次数的关系图。

Summary report：打开"Define Summary report"面板，您可以在其中为 Airpak 模型中任何对象上的变量定义一个总结报告。

Point report：打开"Define Point report"面板，在这里您可以为 Airpak 模型中任何一点的变量创建一个报告。

Full report：允许您自定义结果报告。

Fan operating points：允许您创建一个风机特性曲线中风机工作状态点的报告。

Comfort level：允许您创建一个室内空气质量（IAQ）和热舒适水平结果的报告。

ADPI report：允许您为模型中指定区域创建空气分布特性指标（ADPI）的报告。

11. 窗口菜单

当其中一个或多个面板打开时，窗口（Windows）菜单包含 Airpak 面板的名称。当您打开许多面板或工具栏，并且希望快速定位特定的工具栏或面板时，此功能非常有用。面板或工具栏名称左侧的星号（*）表示当前隐藏了面板或工具栏。您可以通过视图菜单下的"编辑工具栏"选项，使用"可用工具栏"面板显示或隐藏工具栏。

12. 帮助菜单

帮助（Help）菜单栏如图 2-13 所示。菜单的选项说明如下。

Help 在 web 浏览器中打开联机 Airpak 文档。

Airpak on the Web 在网页浏览器中打开 Airpak 主页。

User Services Center 在网页浏览器中打开 Airpak 用户服务中心 web 页面。

List shortcuts 在消息窗口中打印 Airpak 的键盘快捷键列表。

2.2.2 工具栏

Airpak 图形用户界面在整个主窗口中还包括八个工具栏。这些工具栏（文件命令、编辑命令、视图选项、方向命令、模型和求解、后处理、对象创建和对象修改）提供了在 Airpak 中执行常见任务的快捷方式。默认情况下，工具栏停靠在 Airpak 界面上，但也可以分离并视为常规控制面板。

1. 文件命令工具栏

文件命令工具栏包含用于处理 Airpak 项目和项目文件的选项。图 2-14 为文件命令工具栏选项的简要说明。

图 2-13 帮助菜单栏

图 2-14 文件命令工具栏

新建项目（ ）：可以使用"新建项目（New project）"面板创建一个新的 Airpak 项目。

在这里,可以浏览文件路径,创建新的项目路径,然后输入项目名称。

打开项目(📂):使您可以使用"打开项目(Open project)"面板打开现有的 Airpak 项目。在这里,可以浏览文件路径,找到项目路径,然后输入项目名称,或从最近的项目列表中指定旧的项目名称。

保存项目(💾):保存当前的 Airpak 项目。

打印屏幕(🖨):可以使用"打印选项(Print options)"面板打印显示在图形窗口中的 Airpak 模型的后处理脚本图像。"打印选项"面板的输入与"图形文件(Graphics file options)"选项面板中的输入相似。

创建图像文件(📷):打开一个"保存图像(Save image)"对话框,可以使用该对话框将在图形窗口中显示的模型保存到图像文件中。支持的文件类型包括:PPM、GIF、JPEG、TIFF、VRML 和 PS。

2. 编辑命令工具栏

编辑命令工具栏包含用于在 Airpak 模型中执行撤销和重做操作的选项。图 2-15 为编辑命令工具栏选项的说明。

撤销(↶):可撤销上一次执行的模型操作。可以重复使用"撤销"操作,直至返回执行的第一个操作。

重做(↷):可以重做一项或多项先前撤销的操作。此选项仅适用于撤销操作已执行时。

3. 视图选项工具栏

视图选项工具栏包含一些选项,这些选项可以修改在图形窗口中查看模型的方式。图 2-16 为视图选项工具栏选项的说明。

图 2-15 编辑命令工具栏 　　　图 2-16 视图选项工具栏

原始位置(🏠):为模型沿负 Z 轴方向的默认视图。

放大(🔍):可通过将指定区域放大至窗口大小来聚焦模型的某一部分。选择此选项后,将鼠标指针放在要缩放区域的一角,按住鼠标左键并拖动打开选择框到所需的大小,释放鼠标按钮后,所选区域将填充图形窗口。

按比例缩放(⛶):可调整模型的整体尺寸,以最大程度地利用图形窗口的宽度和高度。

绕屏幕法线旋转(✔):将当前视图绕垂直于视图法线的轴顺时针旋转 90°。

一个视图窗口(▢):显示一个图形窗口。

四个视图窗口(▦):显示四个图形窗口,每个窗口具有不同的查看角度。默认情况下,一个视图是等轴测图,一个视图是 X-Y 平面,一个视图是 X-Z 平面,另一个视图是 Y-Z 平面。

显示对象名称(🔤):切换模型对象名称在图形窗口中的可见性。

4. 方向命令工具栏

方向命令工具栏包含一些选项，这些选项使您可以修改在图形窗口中查看模型的方向。图 2-17 为方向命令工具栏选项的说明。

方向 X,Y,Z(、、):朝正 X,Y 或负 Z 轴的方向查看模型。

等轴测图( ):从与所有三个轴等距的向量方向查看模型。

反向( ):从当前视图矢量的相反方向(即旋转 180°)查看模型。

5. 模型和求解工具栏

模型和求解工具栏包含一些选项，这些选项使您可以生成网格、模型辐射、检查模型并运行求解。图 2-18 为模型和求解工具栏选项的说明。

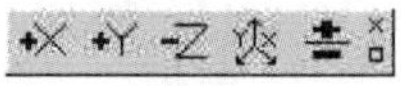

图 2-17　方向命令工具栏 　　　　图 2-18　模型和求解工具栏

能量和温度限制( ):打开"能量和温度限制设置(Power and temperature limit setup)"面板,可以在其中查看或更改对象的功率,以及指定温度极限。

生成网格( ):打开"网格控制(Mesh control)"面板,可以在其中提供设置为 Airpak 模型创建网格。

辐射( ):打开"角系数(Form factors)"面板,可以在其中为模型中特定对象的辐射建模。模拟辐射模型中的特定对象。

检查模型( ):执行检查以测试模型中的设计问题。

运行求解( ):打开"求解(Solve)"面板,可以在其中为 Airpak 模型设置求解参数。

运行优化( ):打开"参数和优化(Parameters and optimization)"面板,可以在其中定义参数(设计变量)并设置优化过程。

6. 后处理工具栏

后处理工具栏包含使用 Airpak 后处理对象查看结果的选项。图 2-19 为后处理工具栏选项的说明。

图 2-19　后处理工具栏

对象面( ):可以在模型中的对象面上显示结果。

切平面( ):可以在模型的横截面上显示结果。

等值面( ):在模型中定义的等值面上显示结果。

点( ):可以显示模型中各点的结果。

曲面探针( ):可以显示模型中曲面上某个点的结果。

变化图( ):可以沿着模型中的直线绘制变量变化图。

历史图():可以绘制求解变量历史变化的图。

试验图():可以绘制求解变量变化的图。

瞬态设置():打开"后处理时间(Post-processing time)"面板,可以在其中设置瞬态模拟的参数。

加载解的 ID():可以选择要查看的特定求解 ID 下的解。

时间平均():可以查看瞬态问题中时间平均的结果,就好像它处于稳态一样。

下载 RSF 项目():打开"下载 RSF 项目(Download RSF project)"面板,可以在其中使用远程仿真工具(RSF)运行 Airpak 工作,并下载结果以在 Airpak 中进行后处理。

总结报告():打开"定义总结报告(Define summary report)"面板,可以在其中为 Airpak 模型中任何或所有对象上的变量指定总结报告。

7. 对象创建工具栏

对象创建工具栏包含将对象添加到 Airpak 模型的选项。图 2-20 为对象创建工具栏选项的说明。除非另有说明,否则所有对象均默认在相应模型房间的中心位置创建。

创建块():创建块对象。

创建风扇():创建风扇对象。

创建通风口():创建通风口对象。

创建送风口():创建送风口对象。

创建人体():创建人体对象。

创建墙():创建墙对象。

创建隔断():创建隔断对象。

创建源():创建源对象。

创建阻抗():创建 3D 阻抗对象。

创建换热器():创建换热器对象。

创建排烟罩():创建排烟罩对象。

创建集():在图形窗口创建一个集对象。

创建线():创建线对象。

创建材料():在模型管理器窗口中为模型创建材料节点。

图 2-20 对象创建工具栏

8. 对象修改工具栏

对象修改工具栏包含用于在 Airpak 模型中编辑、删除、移动、复制或对齐对象的选项。图 2-21 为对象修改工具栏选项的说明。

编辑对象():打开一个特定于对象的"编辑(Edit)"窗口,可以在其中设置各种对象属性。

删除对象():从模型中删除对象。

移动对象():将打开一个特定于对象的"移动(Move)"面板,可以在其中缩放、旋转、平移或镜像对象。

复制对象():打开一个特定于对象的"复制(Copy)"面板,可以在其中创建对象的副本,然后缩放、旋转、平移或镜像复制的对象。

对齐和变形面():对齐两个对象的面。

对齐和变形边():对齐两个对象的边。

顶点对齐和变形():对齐两个对象的顶点。

对齐对象中心():对齐两个对象的中心。

对齐面中心():对齐两个对象的面中心。

变形面():匹配两个对象的面。

变形边():匹配两个对象的边。

图 2-21 对象修改工具栏

2.2.3 模型管理器窗口

Airpak 模型管理器窗口提供了一个用于定义 Airpak 模型的区域,并包含特定于项目的问题和求解参数列表。

模型管理器窗口如图 2-22 所示,其以树状结构显示,具有可扩展和可折叠的树节点,这些树节点显示或隐藏相关的树项。要展开树节点,请使用鼠标左键单击树左侧的 图标。要折叠树节点,请单击 图标。

可以使用鼠标从模型管理器窗口中编辑和管理 Airpak 项目。例如,可以通过单击和拖动对象来选择多个对象,编辑项目参数,在组中添加对象、分解集或编辑对象。此外,模型管理器窗口中对象还包括一些菜单,可通过右键单击鼠标访问该菜单,从而可以轻松地操纵 Airpak 模型。

在模型管理器窗口中操作选项包括:

问题设置(Problem setup,):可以设置基本问题参数,设置项目标题和定义局部坐标系。选项包括:

a. 基本参数(Basic parameters,):打开"基本参数"面板,可以在其中指定当前 Airpak 模型的参数。

b. 标题/注释(Title/notes,):打开"标题/注释"面板,可以在其中输入当前 Airpak 模型的标题和注释。还可以在其中创建可在模型中使用的局部坐标系,而不是原点为(0,0,0)的 Airpak 全局坐标系。指定一个局部坐标系原点与全局坐标系原点的偏移量。

图 2-22 模型管理器窗口

求解设置(Solution settings，▢)：可以设置 Airpak 求解参数。选项包括：

　　a. 基本设置(Basic settings，▢)：打开"基本设置"面板，可以在其中指定要执行的迭代次数及收敛判据。

　　b. 并行设置(Parallel settings，▢)：打开"并行设置"面板，可以在其中指定执行类型，例如，串行(默认)、并行或网络并行。

　　c. 高级设置(Advanced settings，▢)：打开"高级求解器设置"面板，可以在其中指定离散格式、欠松弛因子和多重网格方案。

　　库(Libraries，▢)：列出了 Airpak 项目中使用的库。默认情况下，Airpak 项目中存在一个 Main 库，其中包含材料(流体、固体和曲面)、风机对象和其他复杂对象。

　　组(Groups，▢)：列出了当前 Airpak 项目中的所有组对象。

　　后处理(Post - processing，▢)：列出了当前 Airpak 项目中的所有后处理对象。

　　点(Points，▢)：列出了当前 Airpak 项目中的所有点监视对象。

　　垃圾(Trash，▢)：列出从 Airpak 模型中删除的所有对象。

　　取消激活(Inaction，▢)：列出在 Airpak 模型中已变为无效的所有对象。

　　模型(Model，▢)：列出了 Airpak 项目的所有活动对象和材料。

2.2.4　使用鼠标

Airpak 通常使用鼠标左键旋转屏幕中显示的模型，按住鼠标中键可以移动模型，按住鼠标右键对模型进行缩放。当然，也可以在 Edit - Preferences 中根据自己的使用习惯修改鼠标的功能。

　　1. 旋转模型

在一个中心点处旋转模型图形，该中心点为模型中光标位置，按住鼠标左键，并在任何方向移动鼠标。要绕垂直于屏幕的轴旋转，可以按住鼠标右键。

　　2. 移动模型

要将模型转换到屏幕上的任意位置，请将光标置于模型之上，按住鼠标中间的按钮，然后将鼠标移动到新的位置。

　　3. 模型缩放

要放大模型，请将光标放在模型上，按住鼠标右键按钮，然后将鼠标向上移动；要将模型缩小，按住鼠标按钮并将鼠标移动到相反的方向。

2.2.5　常用快捷键

您还可以使用键盘来修改在图形窗口中查看模型的方向。表 2 - 2 列出了 Airpak 中可用的快捷键。您可以通过选择"帮助"菜单下的"列表快捷方式"选项或在 Airpak 图形窗口输入"？"。注意，这些热键是区分大小写的。

表 2-2　Airpak 中可用的快捷键

快捷键	对应操作命令
Control – a	切换活动对象
Control – c	复制并移动选定的对象或组
Control – e	编辑对象或后处理对象
Control – f	在模型树中搜索
Control – l	打开模型的主版本
Control – m	打开/关闭模型子树
Control – n	创建一个新项目
Control – o	打开一个现有项目
Control – p	打印屏幕
Control – r	重做一个或多个先前撤销的操作
Control – s	保存项目
Control – t	打开/关闭当前选择的树节点
Control – v	切换对象可见性
Control – w	在模型的实体、选定实体和线框底纹之间切换
Control – x	移动选定的对象
Control – z	对模型执行先前的操作
Delete	删除当前对象
F1	显示 Airpak 的主要帮助页面
F5	设置模型的线框对象
F6	将模型的线框对象设置为 0
F7	增加模型的线框对象。这样可以允许模型中的线条以不同于纯色的深度绘制
F8	减少模型的线框对象。这样可以允许模型中的线条以不同于纯色的深度绘制
Shift – i	显示模型的等轴测图
Shift – r	显示模型的背面图
Shift – x	朝负 x 轴方向查看模型
Shift – y	朝正 y 轴方向查看模型
Shift – z	朝负 Z 轴方向查看模型
Shift – ?	在"消息"窗口中打印键盘快捷键
h	选择沿负 Z 轴方向的模型默认视图
s	将视图缩放到图形窗口
z	通过在所需区域周围打开和调整窗口大小,使您可以专注于模型的任何部分。将鼠标指针放在要缩放的区域的一角,按住鼠标左键并拖动打开一个选择框,使其达到所需的大小,然后释放鼠标左键。然后,所选区域将填充图形窗口

2.3 Airpak 的文件系统

2.3.1 文件类型

Airpak 在计算过程中，会在创建的文件夹里生成一系列文件，主要包括表 2-3 中所示的各个部分。

表 2-3 Airpak 中文件后缀名

文件类型	生成软件	使用软件	文件后缀名
Model	Airpak	Airpak	.model
Problem	Airpak	Airpak	.problem
Job	Airpak	Airpak	.job
Mesh input	Airpak	mesher	.grid_input
Mesh output	mesher	Airpak	.grid_output
Case	Airpak	Fluent	.cas
Data	Fluent	Fluent	.dat 和 .fdat
Residual	Fluent	Airpak	.res
Script	Airpak	Airpak	.SCRIPT 或 _scr.bat
Solver input	Airpak	Fluent	.uns_in
Solver output	Fluent	—	.uns_out
Diagnostic	Airpak	—	.diag
Optimization	Airpak	optimizer	.log、.dat、.tab、.post 和 .rpt
Postprocessing	Fluent	Airpak	.resd
Log	Airpak	Airpak	.log
Geometry	assorted	Airpak	.igs、.dxf、.eco 等
Image	Airpak	assorted	.gif、.jpg、.ppm、.tiff、.vrml 和 .ps
Packaged	Airpak	Airpak	.tzr

边界条件和几何信息保存在 .model 文件中。

松弛因子、模型的单位和颜色、网格生成的参数、后处理的单位、模型中默认设置的信息保存在 .problem 文件中。

每保存一次项目时，都会更新所保存的文件。不同的求解 ID 有不同的文件。文件名称为所保存的求解 ID。

2.3.2 Airpak 创建的文件

Airpak 在模拟过程中创建与问题设置、网格生成、计算求解，以及对结果进行后处理有关的文件。这些文件如下所述。

1. 问题设置文件

Airpak 创建了几个与仿真设置有关的文件：
- 模型(model)文件包含与模型有关的信息：边界条件和几何信息。
- 问题(problem)文件包含有关问题设置的信息：松弛因子、模型中对象的单位、对象颜色的信息、网格生成器的参数、用于后处理的单位，以及模型中默认设置有关信息。
- 工作(job)文件包含有关项目标题和模型注释的信息。

当保存项目时，Airpak 会为当前项目保存所有这些文件。

Airpak 还为同一项目的不同求解 ID 保存了不同的文件。每个求解方案的模型和问题文件将使用不同的名称保存，例如 projectname.model 和 projectname.problem。

2. 网格文件

Airpak 中的网格划分程序会创建两个与网格生成有关的文件：
- 网格输入文件(例如，grid_input)包含网格生成器的输入。
- 网格输出文件(例如，grid_output)包含网格生成器的输出，即网格文件。

3. 求解文件

Airpak 创建了多个文件，供求解器用来启动计算：
- 案例文件(projectname.cas)包含 Airpak 求解器运行所需的所有信息。
- 诊断文件(projectname.diag)包含有关模型文件中对象名称和案例文件中对象名称间对应关系的信息。
- 求解器输入文件(projectname.uns)由求解器读取以开始计算。
- 脚本文件(在 UNIX 系统上为 projectname.SCRIPT，在 Windows 系统上为 projectnamescr.bat)运行求解程序可执行文件，也可用于以批处理方式运行求解程序。

运行求解器时会创建两个文件：
- 残差文件(projectname.res)包含有关收敛监视器的信息。
- 求解器输出文件(projectname.unsout)包含计算期间在屏幕上显示的来自求解器的信息。

求解器在完成计算后将保存两个文件：projectname.dat 和 projectname.fdat。这些数据文件可用于重新启动求解器。

4. 后处理文件

求解器创建一个文件(projectname.resd)，供 Airpak 用于后处理。

2.3.3 保存项目文件

要以当前名称保存当前项目，请单击"文件"命令工具栏中的按钮，或在"文件(File)"菜单中选择"保存项目(Save project)"。Airpak 将使用当前名称保存项目。

若要以其他名称保存当前项目，或在保存当前项目时使用更多选项，可在"文件(File)"

菜单中选择"将项目另存为(Save project as)"选项。这将打开"保存项目(Save project)"面板。

要保存当前项目,请按照以下步骤操作:

(1)在"项目"文本输入框中指定要保存项目的名称。您可以在目录列表中选择目录和文件名。或者您也可以输入自己的文件名,该文件名可以是文件的完整路径名(在 UNIX 系统上以/字符开头,在 Windows 上以驱动器号开头),也可以是相对于启动 Airpak 目录的路径名。文件名可以包含任何字母数字字符和大多数特殊字符。它不能包含控制字符、空格、制表符或以下字符: $] [{ } / \ " * ?。

(2)选择要与项目一起保存的任何其他数据。

- 如果已为项目创建了网格,则可以通过选择"复制网格数据(Copy mesh data)"选项将网格数据复制到新项目。
- 如果您有项目求解结果的数据,则可以通过选择"复制求解结果数据(Copy solution data)"选项将解决方案数据复制到新项目。
- 通过选择保存后处理对象(Save post-processing objects)选项,可以将后处理数据与项目一起保存。
- 通过选择"保存图片文件(Save picture file)"选项,可以保存当前在图形窗口中显示的模型快照。在"打开项目(Open project)"面板或"合并项目(Merge project)"面板中选择项目时,将显示图片。

(3)单击"保存(Save)"以保存当前项目,或单击"取消(Cancel)"以关闭面板而不保存当前项目。

2.3.4 文件导入

Airpak 可以导入商业 CAD 软件创建的几何图形,也可以将 Airpak 文件导出为各种其他格式。Airpak 支持的 CAD 文件格式类型包括:

- 包含点和线信息的国际图形交换规范(IGES)文件。
- 包含点和线信息的 AutoCAD DXF 文件及包含曲线和曲面的 DWG 文件。
- 包含曲面和曲线的 IGES 和 STEP(产品模型数据交换标准)文件。
- Tetin 文件,一种包含曲面和曲线的 ICEM-CFD 文件格式。
- 逗号分隔的值文件,可以由电子表格程序(如 Excel)创建或读取。
- Industrial Foundation Classes(IFC)2x 文件。

所有这些文件都可以使用"文件(File)"菜单下"导入(Import)"选项导入,也可以使用"CAD 数据(CAD data)"面板导入 Tetin 和 IGES/STEP 文件,如图 2-23 所示。如果 IGES 文件仅包含点和线信息,则可以通过在"文件(File)"菜单下"导入(Import)"选项中选择 IGES points + lines 选项来更轻松地导入文件。

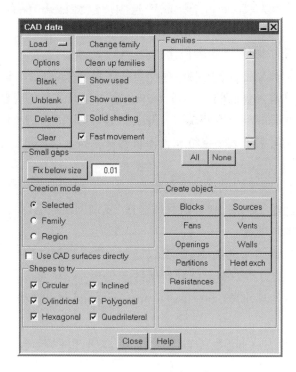

图 2-23 CAD 数据面板

  Airpak 可以将以下形状转换为 Airpak 对象：矩形、棱柱形、圆形、圆柱体、多边形和倾斜的矩形平面。

  从 IGES 或 STEP 文件导入几何模型不是构建模型的直接方法，这是一种创建模型中所需对象几何形状的方法，而无须从头开始指定尺寸。将 IGES、STEP 或 tetin 文件读入 Airpak 后，还须将 CAD 几何体转换为 Airpak 对象。

  单击"加载（Load）"，然后从下拉菜单中选择"加载 IGES/Step 文件（Load IGES/Step file）"或"加载 Tetin 文件（Load Tetin file）"。或者，可以通过在"文件（File）"菜单下"导入（Import）"选项中选择"IGES/Step Surfaces + curves"来导入包含曲面和较低拓扑的 IGES 文件，或者通过在"文件（File）"菜单下"导入（Import）"选项中选择"Tetin Surfaces + curves"来导入 tetin 文件。要打开"CAD 数据操作选项（CAD data operation options）"面板，在"CAD 数据（CAD data）"面板中选择"选项（Options）"。

  当将 IGES 或 STEP 文件读入 Airpak 时，Airpak 首先会将 IGES 或 STEP 文件转换为 tetin 文件，然后将 tetin 文件读入 Airpak。

  1. 将 IGES 或 STEP 文件（或 tetin 文件）读入 Airpak 的步骤

  a. 指定导入要素的最小特征大小，并指定导入 CAD 几何图形后是否希望 Airpak 缩放房间。

  b. 将 CAD 几何图形读入 Airpak。有两种读取 IGES/STEP 或 tetin 文件的方法：

  ● 使用"AD 数据（CAD data）"面板。单击"加载（Load）"，然后从下拉菜单中选择以下选项之一：加载"IGES/Step 文件（Load IGES/Step file）"或加载"tetin 文件（Load Tetin

file)"。在出现的"文件选择(File selection)"对话框中选择 IGES、STEP 或 tetin 文件。并且可以使用"加载表面(Load surfaces)""加载曲线(Load curves)""加载点(Load points)"等选项。对于 IGES 或 STEP 文件,还可以"将 IGES 文件复制到项目目录(Copy IGES file to project directory)"。对于 tetin 文件,还可以"加载材料(Load material)"。单击接受(Accept)以将 IGES 或 tetin 文件读入 Airpak。
- 使用文件菜单下的导入选项,选择文件列表中的文件。对于 IGES 或 STEP 文件,要导入具有曲面、曲线和点数据组合的文件,请在"文件选择(File selection)"对话框中分别选择"加载曲面(Load surfaces)""加载曲线(Load curves)"和"加载点(Load points)"选项框。要将 IGES 或 STEP 文件复制到当前项目目录,请选择"将 IGES 文件复制到项目目录",单击"打开(Open)"将 IGES、STEP 或 tetin 文件读入 Airpak。

2. 将选定的 CAD 几何图形转换为 Airpak 对象的步骤

a. 选择模型菜单下的 CAD 数据选项。在 CAD 数据面板中指定与 CAD 几何图形转换有关的选项。在创建模式(Creation mode)下,选择区域(Region);在"要尝试的形状(Shapes to try)"下,选择要尝试填充到 Airpak 中的 CAD 几何形状;在"创建对象(Create object)"下,选择要将 CAD 几何图形转换成的对象。

b. 在图形窗口中选择 CAD 几何图形。

c. 选择所有要转换为 Airpak 对象的 CAD 几何图形后,在图形窗口中单击鼠标中键。Airpak 会将选定的 CAD 几何体转换为 Airpak 对象,类型为在 CAD 数据面板中选择的对象类型。

d. 要将更多选定的 CAD 几何体转换为 Airpak 对象,可重复上述步骤。完成将选定的 CAD 几何图形转换为 Airpak 对象后,在图形窗口中单击鼠标中键以退出选择模式。

3. 导入过程中 CAD 数据操作选项面板中提供的选项

多边形选项(Polygon options):包含从导入的 CAD 几何图形创建多边形对象的选项。

最大体积变化(Max volume change):允许您设定多边形或非均匀对象的体积可以以简化对象扩展多少(例如,通过移除几乎共线的多边形顶点)。

最大多边形点数(Max polygon points):设定 Airpak 创建多边形时可以使用的最大点数。

最小特征尺寸(Minimum feature size):用于设置由导入 CAD 几何图形创建的对象的最小特征尺寸。

值(Value):设定从 IGES、STEP 或 tetin 文件导入 Airpak 的要素的最小值。

低于空白值(Blank below value):设定 Airpak 小于最小特征尺寸应空白(即不显示)的功能。

选择 CAD 几何图形类型(Select CAD geometry types):包含用于选择应使用导入 CAD 几何图形的哪些部分来创建 Airpak 对象的选项。

曲面(Surfaces):设定 Airpak 应该使用选定的曲面来创建 Airpak 对象。

曲线(Curves):设定 Airpak 应该使用选定的曲线来创建 Airpak 对象。

点(Points):设定 Airpak 应该使用选定的点来创建 Airpak 对象。

材料(Materials):设定 Airpak 应该使用 tetin 文件(如果存在)中的材料点。如果已将四面体网格划分为 CAD 对象而不是转换为 Airpak 对象,则这些点用于定义对象的内部。

新对象的分组（Group for new objects）：允许您设定 Airpak，向其添加新的 Airpak 对象组的名称。

允许非均匀形状（Allow non-uniform shapes）：允许 Airpak 在创建非均匀形状时尝试找到适合所选 CAD 几何图形的最佳形状。

自动缩放空间（Autoscale room）：设定了 Airpak 应该将空间缩放为 IGES 或 tetin 文件中 CAD 几何图形的确切大小。

将 bsplines 转换为面（Convert bsplines to facets）：可设定 Airpak 接受通过 tetin/step/iges 导入的 CAD 曲面，并在内部将其转换为三角形构面，并将其保存在模型文件中。这些面用于具有 CAD 形状的对象。

4. 将其他文件导入 Airpak

对于包含点和线信息的 IGES 和 AutoCAD DXF 文件、包含曲面和曲线几何图形的 DWG 和 DXF 文件、IFC 文件及逗号分隔值（CSV/Excel）文件导入 Airpak 的步骤如下，且将以下任何文件格式的几何模型导入 Airpak 时，线段之间的点将显示为蓝色。

在文件菜单导入选项中，将模型几何体导入 Airpak 的执行过程如下：

a. 选择要导入 Airpak 的文件类型：IGES 点+线（IGES points + lines）、DXF 点+线（DXF points + lines）、DWG 曲面+曲线（DWG points + lines）、CSV/Excel、IFC 文件（IFC file）。

b. 在对话框的"文件名（File name）"字段中输入导入文件的名称。您也可以在对话框的选择文件目录列表中选择文件名。

c.（仅 IFC 文件）在"作业名称（Job name）"字段中输入包含导入数据的 Airpak 工作的新名称。

d.（仅限 IGES 点、DXF 点和线几何文件）保留"缩放空间（Scale room to fit objects）"的默认选项以适合对象。这会将房间自动调整为包含导入数据所需的尺寸。

e.（仅 DWG 曲面和曲线几何文件）要导入曲面、曲线和点数据的组合，请在"文件选择（File select）"对话框中分别选择"加载曲面（Load surfaces）""加载曲线（Load curves）"和"加载点（Load points）"选项。

f. 单击打开以导入模型数据。

Airpak 从 IGES 或 DXF 文件导入几何图形时，仅导入点和线几何，其他所有几何实体都将被忽略。另外，导入的几何图形没有与之关联的物理特性（即没有热参数、材料特性等）。因此，将几何图形从这些文件格式导入 Airpak 时，必须为每个对象分配物理特性。

将几何模型导入到 Airpak 后，将显示描述导入几何模型的线，并且每条线的末端都有与之关联的蓝点。从 IGES 或 DXF 文件导入的任何点上都有一个蓝点。

5. 从 CAD 源导入的模型数据在 Airpak 模型中的使用步骤

首先，在 Airpak 中创建一个对象，然后将 Airpak 对象捕捉到相应的导入几何体，最后，拉伸 Airpak 对象以适合几何形状。具体操作步骤如下：

a. 在 Airpak 中创建一个对象（例如，一个块）。

b. 按住键盘上的<Shift>键，然后使用鼠标右键选择 Airpak 对象的一部分（边缘或角）。选择后，它将以红色突出显示。

c. 使用<Shift>键和鼠标右键将 Airpak 对象的选定部分"捕捉"到导入几何的相应边或

角。可以将 Airpak 对象的边/角拖动到导入几何体的相应边/角,或者只需单击导入几何体的边/角。消息窗口将报告该对象已被捕捉。现在,Airpak 对象已"锚定"到导入的模型几何体。

d. 按住<Shift>键并使用鼠标右键拖动锚定的边或角以扩展相应导入几何图形的长度或宽度,以拉伸 Airpak 对象直至适合导入几何图形。只需将两个红点调整为两个蓝点,或将边缘调整为两个,即可在三个维度上实现完全重合。在"编辑"面板中突出显示生成的对象。此时可以重命名该对象,将其分配给一个组或执行您将对任何其他 Airpak 对象执行的任何命令,因为现在它是一个 Airpak 对象。

如果要从复杂的导入几何模型转换多个对象,可以在转换对象后使用"选项"菜单中的"可见"选项从模型中删除对象类型,以减少屏幕上的对象数量。

6. 导入 CSV 文件

Airpak 允许以逗号分隔值(CSV)文件的形式导入简单对象(包括块、墙、通风口、2D 风扇、阻抗、送风口和源)的几何形状和热量。此操作不支持复杂对象。这种类型的导入也不支持材料属性和某些边界条件。

2.3.5 文件导出

要从 Airpak 导出 IGES 或 STEP(或 tetin)文件,可在"文件(File)"菜单栏下"导出(Export)"选项中选择适当的项目,然后在"文件选择(File selection)"面板中设定带有适当扩展名的名称。

要以 CSV/Excel 文件格式导出对象或对象列表,可在模型管理器窗口中选择适当的对象,然后在"文件(File)"菜单栏下"导出(Export)"选项中选择 CSV/Excel。Airpak 将打开"保存对象"面板,可以在其中设定要导出对象的详细信息。

输入文件名后,需要设定用于分隔输出文件中数据的分隔符类型(即制表符,空格,逗号或分号)。

如果要导出的对象都是几何体,则应启用"仅几何"选项。但是,如果还想导出其他模型数据(例如,辐射、传热、流动信息),可关闭"仅几何"选项,然后单击"对象输出选项"。这时,Airpak 将打开一系列面板,可以在其中选择要导出的数据。

在每个导出选项面板中,打开要为各种对象导出数据的选项。完成一个对象的操作后,单击面板中的"选择"以进入下一个面板。完成所有对象的操作后,在"保存对象"面板中单击"保存"以完成导出。

除非在每个导出选项面板中都启用"常规",否则将不会编写对象的几何形状。

2.4 Airpak 的基础设置

2.4.1 参数选择

在编辑菜单栏下,可以选择"Preferences",修改一些默认选项。"预设(Preferences)"面板如图 2-24 所示。

在 Display 选项中,可以修改后处理图例中的颜色分类和数字显示样式。数字显示样式分为指数型、浮点型和一般型。三种类型都可以修改小数点类型。

在 object types 中可修改各种 object 的默认颜色。比如可以将所有模型的默认颜色改为黑色,这样可以较为容易地把整个图形改为白底黑线,以方便出图。

"Preferences"面板的默认设置适用于大多数应用场景。要将面板重置为默认设置,请单击面板底部的"Reset all"按钮(图 2-24)。您可以对"Preferences"面板进行更改,并通过单击"This project"将更改应用到当前项目,或者通过单击"All projects"按钮将更改应用到所有 Airpak 项目。要关闭面板而不应用任何更改,可以单击"取消(Cancel)"。

可以使用"Preferences"面板的"选项(Options)"节点为当前正在运行的项目或所有 Airpak 项目配置图形用户界面。

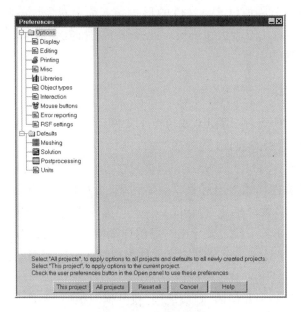

图 2-24 "预设"面板

如果要加载在上一个 Airpak 会话中保存的特定项目选项,则下次加载项目时,需要在"打开项目(Open project)"面板中打开"从项目应用用户首选项(Apply user preferences from project)"选项。

下面提供了"Preferences"面板中"选项(Options)"节点下每个项目的描述。

1. 显示选项

要设置模型的显示选项,请在"Preferences"面板的"选项(Options)"节点下选择"显示(Display)"项。"预设"面板的"显示"部分如图 2-25 所示。

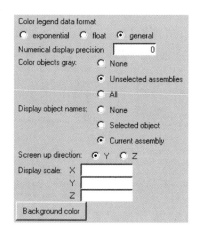

图 2-25 "预设"面板的"显示"选项

颜色图例数据格式(Color legend data format)设定颜色图例标签的格式,这些标签在后处理对象的颜色图例中定义颜色分区。

Airpak 中提供以下数据格式:

指数(exponential):显示带有尾数和指数的实数值(例如 $1.0e-02$)。可以在颜色图例精度(Color legend precision)字段中定义尾数小数部分的位数。

浮点数(float):显示带有整数和小数部分的实数值(例如 1.0000)。可以通过更改颜色图例精度(Color legend precision)的值来设置小数部分的位数。

一般(general):根据数字的大小和定义的数值显示精度(Numerical display precision),以浮点数或指数形式显示实数值。

数值显示精度(Numerical display precision):定义了颜色图例标签中显示的小数位数。

为灰色对象着色(Color object gray):包含将图形窗口中的对象颜色更改为灰色的选项。

无(None):指定不将任何对象涂成灰色。

未选中的集(Unselected assemblies):指定只有未选中的集被涂成灰色。

全部(All):指定将所有对象都涂成灰色。

显示对象名称(Display object names):包含用于在图形窗口中显示 Airpak 对象名称的选项。可以从以下选项中进行选择,也可以单击视图选项工具栏中的 按钮来设置是否选择对象名称。

无(None):指定不显示任何对象名称。

选定对象(Selected object):指定仅显示选定对象的名称。

当前集(Current assembly):指定显示当前集中所有对象的名称。如果未定义集,则将显示"模型(Model)"节点下所有对象的名称。

屏幕向上方向(Screen up direction):允许将竖直轴的方向选择为 Y 或 Z。

显示比例尺(Display scale):允许指定图形窗口中项目显示的比例尺。

背景颜色(Background color):通过打开"选择新的背景颜色(Select the new background color)"窗口来指定图形窗口的背景颜色。

2. 编辑选项

要为模型设置编辑选项,可在"预设(Preferences)"面板的"选项(Options)"节点下选择"编辑(Edit)"项。"预设"面板的"编辑"选项如图 2-26 所示。

图 2-26 "预设"面板的"编辑"选项

默认尺寸(Default dimensions):可以在"房间(Room)"面板、"对象(Object)"面板和某些"宏(Macros)"面板中指定是将"开始/结束(Start/end)"还是"开始/长度(Start/length)"作为尺寸的默认选择。

注释编辑键(Annotation edit key):设定将哪个键盘键与鼠标按钮一起使用以在图形窗口中移动图例、标题等。您可以选择 Control(对应 <Control> 键)、Shift(对应 <Shift> 键)或 Meta(对应 <Alt> 键)。

固定值(fix values):包含用于固定各种对象面板中数量值的选项。

全部(All):设定所有变量的值是固定的。这将导致"固定值(fix values)"选项在"对象(Object)"和"房间(Room)"面板中不可用。

无(None):设定没有变量值被固定。这也将导致"对象"和"房间"面板中的"固定值(fix values)"选项不可用。

每个对象(Per-object):设定可以为每个对象打开或关闭"固定值(Fix values)"选项。这是默认选择。

3. 打印选项

要设置模型的打印选项,可在"预设(Preferences)"面板的"选项(Options)"节点下选择"打印(Printing)"选项。Windows 系统不使用此命令。可以使用 Windows 打印菜单。

4. 其他选项

要为模型设置其他选项,请在"预设(Preferences)"面板的"选项(Options)"节点下选择"其他"项。

Xterm 选项(Xterm options):仅限于 UNIX 系统下使用,为文本窗口定义一些选项。

帮助气泡延迟(Bubble help delay):设定将鼠标指针悬停在图形界面窗口中某个条目上多长时间才会出现帮助气泡。要禁用帮助气泡,可将气泡帮助延迟设定为 0。

5. 编辑库路径

"预设(Preferences)"面板的"库(Libraries)"选项如图 2-27 所示,它可以修改宏和素材库的路径,使 Airpak 可以找到它们。

默认的 Airpak 库的路径显示在位置文本字段中。默认情况下,该库包含有关 Airpak 中预定义的资料和宏的信息。

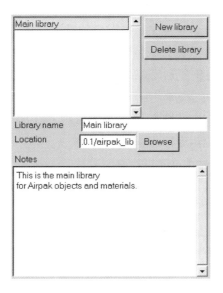

图 2 – 27 "预设"面板的"库"选项

6. 编辑图形样式

通过"预设（Preferences）"面板的"对象类型（Object types）"选项，可以自定义 Airpak 模型中对象的颜色、线宽、阴影、装饰和字体类型。图 2 – 28 是"预设"面板的"对象类型"选项中每个选项的描述。

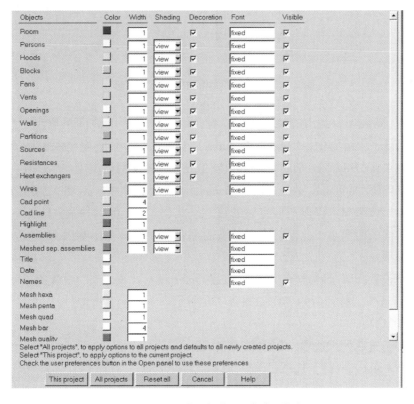

图 2 – 28 "预设"面板的"对象类型"选项

颜色(Color):显示当前对象类型的颜色。当单击此选项时,将打开一个调色板菜单。可以通过在调色板菜单中选择新颜色来替换对象的默认颜色。

宽度(Width):设定对象线框显式的宽度。

阴影(Shading):设定当对象显示时要应用的阴影类型。当选择视图选项时,在"视图"菜单中的"阴影"下拉列表中可设置应用于对象的阴影类型。

装饰(Decoration):是一个切换按钮,可向风机、通风口、送风口、源、阻抗中添加图形化细节(叶片、导流板等)。默认情况下,装饰是打开的。

字体(Font):设定与对象相关文本的字体。

可视(Visible):在图形窗口中切换设定的对象类型是否可见。

7. 交互式编辑

"预设(Preferences)"面板的"交互(Interaction)"选项可以在图形窗口中重新放置对象时执行捕捉。可以通过以下方法进行捕捉:

- 使用网格捕捉技术,沿每个轴以设定的离散距离放置房间或物体。
- 使用对象捕捉技术,用另一个对象的顶点、直线或平面放置对象。

8. 网格划分选项

要为模型设置网格划分选项,请在"预设(Preferences)"面板的"默认值(Defaults)"节点下选择"网格划分(Meshing)"选项,打开后的界面如图 2 – 29 所示。

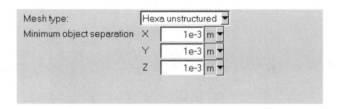

图 2 – 29 "预设"面板的"网格划分"选项

网格类型(Mesh type):用于设定要在 Airpak 项目中使用的网格类型。默认情况下,Airpak 使用"Hexa 非结构化(Hexa unstructured)"选项,表示非结构化六面体网格。也可以选择六面体笛卡儿(Hexa cartesian)和四面体(Tetra)等其他网格类型。

最小对象间距(Minimum object separation)用于设定模型中 x,y 和 z 坐标方向上对象之间的最小距离。该距离可以以任何有效的数字格式(例如 0、001、1e – 3、0.1e – 2)表示。只要两个对象之间的距离小于此值但大于模型的零容差,Airpak 就会使用此定义值。

9. 求解选项

要为模型设置高级求解选项,可在"预设(Preferences)"面板的"默认值(Defaults)"节点下选择"求解"选项。打开后的界面如图 2 – 30 所示。

10. 后处理选项

要为模型设置后处理选项,可在"预设(Preferences)"面板的"默认(Defaults)"节点下选择"后处理(Postprocessing)"选项(图 2 – 31)。

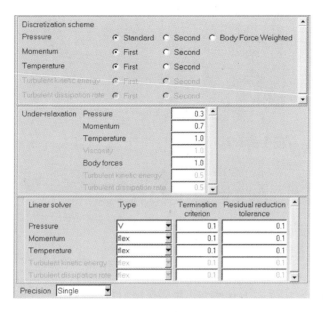

图 2-30 "预设"面板的"求解"选项

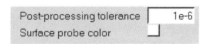

图 2-31 "预设"面板的"后处理"选项

后处理公差(Post - processing tolerance):用于许多后处理操作中,该公差是网格单元尺寸的无量纲分数,可以以任何有效的数字格式(例如0.001,1e-3,0.1e-2)表示。

表面探针颜色(Surface probe color):可以更改探测点和文本的颜色。要更改颜色,可单击表面探针颜色旁边的颜色矩形,然后可打开一个调色板菜单进行选择。

11. 其他预设项

在设置"预设(Preferences)"面板中的其他条目时,也可以编辑如下预设项:

单位(Units):可以修改默认单位定义和转换因子。

鼠标按钮(Mouse buttons):可以更改 Airpak 中的默认鼠标操作。

错误报告(Error reporting):可以使用一些必需的信息来预填充"错误报告(Error report)"面板,以通过电子邮件发送报告。

2.4.2 基本参数设置

对一个基本问题,需要使用"Basic Parameters"面板定义一些参数。可以用来描述模型的参数类型包括:

- 时间变化
- 求解变量
- 组分输运

- 室内空气质量/舒适性参数
- 流动形态
- 重力
- 环境值
- 默认流体、固体和表面材料
- 初始条件

Basic Parameter 显示板中的默认设置如下：

- 稳态
- 流动求解（速度和压力），温度，S2S 辐射求解变量
- 无组分输运
- 开启室内空气质量/热舒适后处理计算
- 湍流流动
- 包括自然对流，罗盘设置北为 X 方向
- 环境温度 20 ℃，环境压力 0 N/m²，环境辐射温度 20 ℃
- 流体是空气，固体是砖块，表面为非金属涂料
- 初始条件为环境温度和无流动

要打开"基本参数（Basic parameters）"面板（图 2-32、图 2-33），可双击"模型管理器（Model manager）"窗口中"问题设置（Problem setup）"节点下的"基本参数"选项。

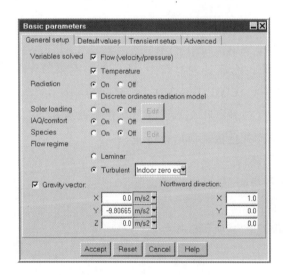 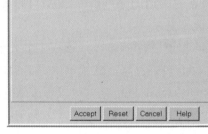

图 2-32 "基本参数"面板（"常规设置"选项卡） 　图 2-33 "基本参数"面板（"瞬态设置"选项卡）

"基本参数（Basic parameters）"面板底部有四个按钮。要接受对面板所做的更改，然后关闭面板，可单击"接受（Accept）"。要撤销在面板中做的所有更改并将面板中的所有项目恢复到打开面板时的原始状态，可单击"重置（Reset）"按钮。要关闭面板并忽略对其所做的任何更改，可单击"取消（Cancel）"。要访问在线文档，可单击"帮助（Help）"。一些主要基本参数的设置方法介绍如下。

1. 时间变量

Airpak 可以解决稳态和瞬态两种类型的流动问题。"基本参数"面板"瞬态设置(Transient setup)"选项卡中时间变量的默认设置为稳态。

2. 求解变量

Airpak 可以选择要在模拟中求解的变量。基本参数面板"常规设置(General setup)"选项卡中提供了四个选项：流动(速度/压力)即 Flow(velocity/pressure)、温度(Temperature)、辐射(Radiation)和组分(Species)。必须在模拟中包括流动变量或温度变量,或两者都包括。

要求解流动问题,可在"基本参数(Basic parameters)"面板的"常规设置(General setup)"选项卡中"求解变量(Variables solved)"下选择"流动(速度/压力)即 Flow(velocity/pressure)",还需要在"基本参数(Basic parameters)"面板的"常规设置(General setup)"选项卡中将流态指定为层流或湍流。

要求解温度分布的能量方程和流动方程,可在"基本参数(Basic parameters)"面板的"常规设置(General setup)"选项卡中"求解变量(Variables solved)"下选择"流动(速度/压力)即 Flow(velocity/pressure)和温度(Temperature)"。

也可以先求解流动,然后求解温度。该方法仅在能量方程解不影响流动解的情况下才有效,这时强制对流是主要的传热机制,并且在"基本参数(Basic parameters)"面板"常规设置(General setup)"选项卡中未启用重力矢量的情况。如果仅使用先前的解来求解温度问题,可在"求解(Solved)"面板中的"重新启动(Restart)"旁边指定先前解的 ID,然后在"重新启动"下选择"完整数据(Full data)"。先前的解将用于访问流场,以求解能量方程。如果使用零速度场求解温度等效于仅求解热传导。

要解决组分输运问题,可在"基本参数(Basic parameters)"面板的"常规设置(General setup)"选项卡中"组分"下选择"开启"。

Airpak 还具有预测室内空气质量(IAQ)参数(例如平均空气年龄)和热舒适性参数,包括平均辐射温度、预测平均投票(PMV)和预测不满意百分比(PPD)的功能。

默认情况下,Airpak 在流动、温度和组分方程求解后立即执行补充计算,以计算平均空气龄和平均辐射温度。如果不想计算平均空气龄和平均辐射温度,可在"IAQ/Comfort"旁边选择"关闭(Off)"。

"基本参数(Basic parameters)"设置也可以选择是否求解辐射问题。如果要求解辐射问题,可在"基本参数(Basic parameters)"面板的"常规设置(General setup)"选项卡中"辐射(Radiation)"右侧选择"开(On)"。如果不想求解辐射问题,可选择"关(Off)"。默认情况下,使用表面(S2S)辐射模型对辐射进行计算。如果要改用离散坐标(DO)辐射模型,可在"基本参数(Basic parameters)"面板中选择"离散坐标辐射模型(Discrete ordinates radiation model)"。

3. 流态

层流是平滑的、规则的、确定性的和稳定的(除非您定义了瞬态模拟)。湍流是随机的、混乱的、不确定的并且基本上不稳定。对于层流,Airpak 求解了经典的 Navier – Stokes 和能量守恒方程。对于湍流,Airpak 求解这些方程式的雷诺平均形式,从而有效地消除(时间平均)随机波动。

Airpak 提供了一个混合长度零方程(Zero equation)湍流模型,一个室内零方程(Indoor zero equation)湍流模型,一个两方程(Two equation)湍流模型(标准 $k-\varepsilon$ 模型),RNG $k-\varepsilon$ 湍流模型和 Spalart – Allmaras 湍流模型。

流态的性质(层流或湍流)由某些无量纲数确定,例如雷诺数和瑞利数。雷诺数通常适合于强制对流,而瑞利数通常适合于自然对流。当这些数字相对较小时,流动是层流的;当数字较大时,则是湍流的。

4. 强制对流或自然对流效应

当空气密度因温度差异而变化时,自然对流就产生了。

热量通过房间中流体的流动,从一个区域转移到另一区域而对房间中的温度分布产生重大影响。当诸如风机之类的设备将空气推过加热的物体并由于其流动将热量从该物体带走时,就会发生强制对流。在某些应用中,强制对流和自然对流(即混合对流)都在确定总体温度分布中起作用。通常,当存在风机时,强制对流相比自然对流占主导地位。Airpak 可以模拟强制对流和自然对流。

对于大多数具有相对较低空气速度的通风流,自然对流效应很重要,并且必须包括重力效应。如果存在重力,则使用 Boussinesq 逼近法或理想气体定律。Boussinesq 模型是解决单流体问题的默认方法。但是,对于密度差大于百分之几的问题,应采用理想气体定律。对于包含两种或多种物质的混合物,可采用理想气体定律方法。

默认情况下,重力效应包含在 Airpak 模拟中。可在"基本参数(Basic parameters)"面板"常规设置(General setup)"选项卡 X、Y 和 Z 字段中输入适当的值,来确定重力加速度在各个坐标方向上的分量,以确定重力加速度的大小和方向。Airpak 的默认重力加速度在 Y 方向为 -9.80665 m/s^2。要在计算中忽略重力影响,可关闭"基本参数"面板中的"重力矢量(Gravity vector)"选项。

Airpak 提供了两个选项来定义与温度有关的流体密度。默认选项是 Boussinesq 模型,该模型应用于涉及温度变化很小的自然对流问题。单一流体问题的第二种选择是理想气体定律,当密度差异大于百分之几时应使用该定律。理想气体定律不应用于计算封闭区域中随时间变化的自然对流,因为这可能会违反封闭系统质量守恒原理。默认情况下,理想气体定律用于包含流体混合物的问题。

要使用理想气体定律定义随温度变化的流体密度,主要步骤如下:

a. 单击"基本参数(Basic parameters)"面板中的"高级(Advanced)"选项卡。

b. 选择理想气体定律(Ideal gas law)选项。

c. 设置操作压力(Operating pressure)。使用理想气体定律计算密度时,操作压力的输入非常重要。应该使用代表平均流动压力的值。默认情况下,操作压力设置为 101 325 Pa。

d. 选择"操作密度(Operating density)"并根据需要设置操作密度。默认情况下,Airpak 将所有单元的平均值设为操作密度。在某些情况下,如果明确指定工作密度,而不由 Airpak 自动计算,可能会获得更好的结果。在某些情况下,指定工作密度将改善收敛行为,而不是实际结果。在这种情况下,可使用近似的堆积密度值作为工作密度,并确保选择值适合域中的特征温度。

在求解计算之前,Airpak 将确定流动主要是强制对流还是自然对流。对于以强制对流为主的问题,Airpak 会计算雷诺数(Re)和贝克力数(Pe),它们都是无量纲数。对于自然对流占主导地位的流动(即浮力驱动的流动),Airpak 计算瑞利数(Ra)和普朗特数(Pr),它们也是无量纲的。

雷诺数代表惯性力和黏性力的比值。当它很大时,惯性力起主导作用,形成边界层,流动可能变为湍流。贝克力数与雷诺数相似,表征对流热和传导热的比值。对于大多数由 Airpak 模拟的流量,雷诺数和贝克力数均很大。

普朗特数代表动量扩散能力与热扩散能力之比。瑞利数是浮力效应重要性的量度。

如果雷诺数大于 2 000 或瑞利数大于 5×10^7,则建议在"基本参数(Basic parameters)"面板的"常规设置(General setup)"选项卡中选择"湍流(Turbulent)"选项。

要查看雷诺数和贝克力数或普朗特数和瑞利数的估算值,可双击"模型管理器(Model manager)"窗口中"求解设置(Solution settings)"节点下的"基本设置(Basic settings)"项,以打开基本设置面板。在基本设置面板中,单击重置(Reset)。Airpak 根据定义模型的物理特征重新计算求解器设置的默认值,并在消息窗口中显示雷诺数和贝克力数或普朗特数和瑞利数的估算值。

5. 模型的北方向

如果使用了大气边界层宏,则设定用于定义模型向北的向量非常重要。要设定此向量,可在基本参数(Basic parameters)"面板的"常规设置(General setup)"选项卡中"向北(Northward direction)"下方的 X、Y 和 Z 字段中输入适当的值。Airpak 中的默认北向是 X 方向。

6. 环境值

环境值反映了房间外部的环境。可以通过在"基本参数(Basic parameters)"面板"默认值(Default values)"选项卡中"环境(Ambient)"下的"表压(Gauge Pressure)和辐射温度(Radiation temp)"文本框中输入值来设定压力和辐射温度的环境值。此处压力的环境值为表压。还可以输入温度(Temperature)的环境值,并且在瞬态仿真中可以定义该温度为时间的函数。

7. 默认的流体、固体和表面材料

Airpak 可以在"基本参数(Basic parameters)"面板的"默认值(Default values)"选项卡中为流体、固体和表面设定默认材料。Airpak 中的默认流体是空气(Air),默认固体是砖(Brick Building),默认表面是非金属涂料(Paint – non – metallic)。

更改默认材料的步骤如下:

a. 单击相关文本字段旁边的▼按钮以显示可用材料列表。

b. 将鼠标指针放在新的列表项上,如果该条目不可见,则可以使用滚动条。

c. 在条目上单击鼠标左键以进行新选择,该列表将自动关闭,然后将显示新的选择。

如果要在显示列表时中止选择过程,可单击列表底部的"取消(Cancel)"。

8. 初始条件

Airpak 可以为模型中的流体设置初始条件。如果要执行稳态计算,则初始条件是求解过程中所使用的各种求解变量的初始猜测值。如果执行瞬态模拟,则初始条件是流体的物理初始状态。

初始速度和温度可以在"基本参数(Basic parameters)"面板"默认值(Default values)"选项卡的"初始条件(Initial conditions)"下输入,在此可以为模型中的所有对象设定初始 X 速度(X velocity)、Y 速度(Y velocity)、Z 速度(Z velocity)和温度(Temperature)值。

2.5 单位系统

Airpak 可以以任何单位制工作,不同的单位制和标准 SI 单位制之间可以通过正确的转换因子来实现转换。Airpak 将这些转换因子用于输入和输出,而在内部存储和计算中使用 SI 单位制。

可以在问题设置过程中或完成计算后更改部分单位。如果以 SI 单位制输入了某些参数,然后切换到英制,则以前的所有输入都将转换为新的单位制。如果已经完成了以 SI 单位制进行的模拟,但是希望以其他单位制报告结果,则可以更改单位制,并且 Airpak 将在显示所有问题结果数据时转换为新的单位制。如上所述,所有问题输入和结果的内部存储均使用 SI 单位。这意味着存储在项目文件中的参数以 SI 单位表示,Airpak 只需在接口处将这些值转换为新的单位系统。

如果想要使用混合单位制,或与 Airpak 提供的默认 SI 单位不同的任何单位制,则可以使用"预设"面板的"单位"选项选择可用的单位或设定新的单位。每个变量都有自己的单位名称和换算系数。

2.5.1 查看当前单位

在为一个或多个变量设定单位之前,可能需要查看当前单位。要查看特定变量的内置定义,可在"预设(Preferences)"面板"单位(Units)"选项的"类别(Category)"列表中选择类别。内置定义将显示在"单位(Units)"列表中。

2.5.2 修改单位

Airpak 可以修改单个变量的单位,这对于需要使用内置 SI 单位制,但要更改一个或几个变量单位的问题很有用。例如,如果要使用 SI 单位求解问题,但是几何尺寸以英寸为单位给出,则可以选择 SI 单位制,然后将长度的单位从米更改为英寸。

特定类别的默认单位在"单位"列表中标有星号(*)。更改特定变量默认单位的步骤如下:

(1)在"预设(Preferences)"面板的"单位(Units)"选项的"类别(Category)"列表(按字母顺序排列)中选择变量。

(2)从"单位(Units)"列表可用的单位中选择一个新单位。

(3)单击"转换(Conversion)"下的"设为默认值(Set as default)"。

(4)如果要更改其他变量的单位,可重复上述步骤。

(5)将更改应用于单位制中,要么应用于当前项目,要么应用于此项目及所有将来的项目。仅将对单位制的更改应用到当前项目,可在"预设(Preferences)"面板中单击"此项目(This project)"。要将对单位系统所做的更改应用于当前项目和所有未来的 Airpak 项目,请在"单位定义(Unit definitions)"面板中单击"所有项目(All projects)"。

例如,可以在"类别(Category)"列表中选择"长度(Length)",然后在"单位(Units)"列表中选择英寸(in)。Airpak 显示米和英寸之间转换的公式:

$$\text{in} = c * (\text{m} + x_0) + y_0 \qquad (2-1)$$

当将转换因子 $c = 39.37008$,$x_0 = 0$ 和 $y_0 = 0$ 代入上式时,它变为

$$\text{inches} = 39.37008 \times \text{meters} \qquad (2-2)$$

然后可单击"设置为默认值(Set as default)",以使英寸成为模型的默认长度单位。

在 Airpak 中无法编辑预定义的单位转换系数。这些单位在"转换(Conversion)"下被标记为"用户不可编辑(Not user - editable)"。

在"预设(Preferences)"面板"单位(Units)"选项中更改类别的默认单位会使该类别单位的输入都采用新选择的默认单位。例如,如果按照上述示例更改长度单位,然后创建一个新块,则为该块定义的与长度有关的单位将以英寸为单位。但是更改类别的默认单位不会更改任何先前输入的单位。先前的输入仍然使用旧单位,因此无须对其进行任何更改。

2.5.3 定义新单位

要创建用于特定变量的新单位,其主要步骤如下:

(1)在"预设(Preferences)"面板"单位(Units)"选项的"类别(Category)"列表中选择数量。

(2)单击"新建单位(New unit)"按钮以打开"新建单位名称(New unit name)"面板。

(3)在文本输入框中输入新单位的名称,然后单击"完成(Done)"。新单位将显示在"预设(Preferences)"面板"单位(Units)"选项的"单位(Units)"列表中。

(4)在"单位(Units)"列表中选择新的单位,然后在"转换(Conversion)"下输入转换因子(c、x_0 和 y_0)。

(5)如果希望新单位成为该类别的默认单位,可单击"转换(Conversion)"下的"设为默认值(Set as default)"。

例如,如果要使用分钟作为时间单位,可在"预设(Preferences)"面板"单位(Units)"选项的"类别(Category)"列表中选择时间(Time),然后单击新建按钮。在出现的"新建单位名称(New unit name)"面板中,在文本输入框中输入 min,然后单击完成。在"单位定义(Unit definitions)"面板中的"转换"下,为 c 输入 0.016 667(等于 1/60)。

设定的转换因子 c 告诉 Airpak 要乘以的数字,以从国际单位制值获得自定义的单位值。因此,转换因子 c 应该具有自定义单位/SI 单位的形式。例如,如果希望长度单位为英寸,则应输入 39.370 08 英寸/米的转换系数 c。如果希望速度单位为英尺/分钟,则可以使用以下公式确定转换因子 c:

$$x \text{ ft/min} = y \text{ m/s} \times 60 \text{ s/min} \times \frac{\text{ft}}{0.304\,8 \text{ m}} \qquad (2-3)$$

即应该输入的转换因子 c 为 196.85,等于 60/0.304 8。

第 3 章　Airpak 模型建立

常用的 CAD 软件通常采用平面拉伸、旋转、扫描等来建立几何,与它们不同的是,Airpak 采用起止点来创建几何,因此 Airpak 建立几何的过程是较为方便的。这种创建几何的方式导致 Airpak 只能对简单的几何进行建模。而为了仿真计算的方便,通常需要将实际模型进行简化,以方便网格的划分。通常,这种简化对实际问题的解决影响极小,是在可接受的范围内。

实际空间中物体往往是三维的,但有一些三维物体,由于某一个方向上的长度远远小于其他两个方向上的长度,因此可以近似为二维平面,如风口、隔断等。Airpak 通常可以建立的三维几何包括长方体、圆柱体、棱柱。可以建立的二维几何主要包括长方形、多边形、圆形。

3.1　在 Airpak 中创建一个对象

使用"文件(File)"菜单创建新项目文件(或打开现有项目)后,即可开始构建 Airpak 模型。创建新项目后,将会自动生成一个默认的房间(Room)。用户可以根据需要调整房间的一些属性,包括位置、尺寸以及房间四周的边界条件等。在调整好房间后,可以使用对象创建工具栏将对象添加到房间,修改对象的属性,逐步建立需要的模型。

3.1.1　概述

在创建 Airpak 模型时,通常使用四个部分:对象创建(Object creation)工具栏、对象修改(Object modification)工具栏、模型管理器(Model manager)窗口中的"模型(Model)"节点和"模型(Model)"菜单。

对象创建工具栏(图 2-20)包含用于将对象添加到 Airpak 模型的按钮,单击某一种对象,Airpak 将会在模型中添加该对象,生成时该对象保持默认参数。模型管理器窗口中的模型节点也将自动增加该对象。

对象修改工具栏(图 2-21)用于对 Airpak 模型中的对象进行更改,并包含一些按钮,这些按钮可以编辑、移动、复制、删除和对齐在房间内创建的对象。

模型管理器窗口(图 3-1)中的"模型(Model)"节点有一些与对象创建和对象修改工具栏相同的功能。双击"模型"节点中相应的对象,可以打开该对象的编辑窗口,修改对象的参数。右键单击"模型"节点中相应的对象,可以在 Airpak 模型中创建、编辑、移动、复制和删除对象。

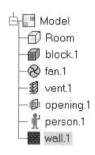

图 3-1 模型管理器窗口中的"模型"节点

菜单栏中的"模型(Model)"菜单包含将 Airpak 对象添加到模型后通常使用的选项。这些选项包括与生成网格(Generate mesh)、指定对象生成网格的优先级(Edit priorities)相关的功能。还有一些与从第三方计算机辅助设计软件导入几何图形(CAD data)及辐射建模(Radiation)相关的选项。

3.1.2 对象属性

在 Airpak 中创建新对象时,会先将该对象设置为默认的一些属性。通常,一个对象的属性包括一些描述(对象名称 Name,备注 Notes,组 Groups)、图形显示样式(阴影 Shading,线宽 Linewidth,颜色 Color,文字 Texture,透明度 Transparency),位置(Location),几何形状(Shape)和物理特性(Properties),如图 3-2 所示。

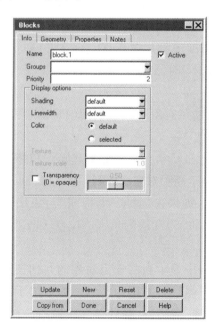

图 3-2 对象属性

本章主要介绍和所有对象都相关的前四种属性,每一种对象所特有的物理特性将在后面的章节中介绍。

1. 描述

Airpak 可以更改对象的名称,指定对象所属的组,以及选择是否激活对象。

Airpak 更改对象的名称可以方便区分不同对象。若要更改对象的名称,在"名称(Name)"文本输入框中输入新名称即可。

添加有关对象的注释可以在各个"对象编辑"面板的"注释(Note)"选项卡中进行,在选项卡中的"对象注释"下即可为对象输入注释。注释中使用的文本字符的数量和类型没有限制。在此字段中输入或更新完文本后,可单击"更新"将此信息与对象一起存储。

可以将对象指定给组(Group),在"对象编辑"窗口的组文本输入框中输入组名称,可以指定对象所属的组。创建组后,可以通过对组进行复制、平移等操作,来实现组中所有对象的复制、平移。例如,创建餐厅里的一套餐桌后,可以将此餐桌内的对象全部包含在一个组中,然后将这个组进行复制,可以提高建模效率。

如果在本次计算中不想包含某对象,但该对象可能在以后的计算中使用,可以暂时取消激活该对象,这样在本次计算中,对象将从模型中临时删除。在以后需要时,可以在模型管理器的窗口"Inactive"下右键激活该对象。

2. 图形显示样式

Airpak 可以在图形窗口中更改显示的对象。主要包括更改对象的颜色、线宽、着色和透明度。

要更改对象的着色,单击"对象"面板中着色文本字段右侧的方形按钮。在生成的下拉列表中选择着色类型:"默认""线""实体""实体/线""隐藏线"或"不可见"。单击"对象"面板底部的"更新"以更改图形窗口中对象的着色。默认选项在"Preferences"显示面板中设置。

更改透明度通过打开透明度选项并在 0.00(不透明)和 0.99(完全透明)之间设定值。在"着色"下拉列表中选择"实体"时,此选项非常有用。

3. 位置和尺寸

对于二维对象,通常需要选择对象所在的平面(Plane)。若要修改平面,需要在"平面"下拉列表中选择 Y–Z、X–Z 或 X–Y。

一般有两种方式定义位置和尺寸。一是定义起始点和终止点(Start/End),二是定义起始点和长度(Start/length)。对于矩形对象,如果选择了起始点和终止点,起点和终点的形式为(xS,yS,zS)和(xE,yE,zE)。如果在"对象"面板或"对象编辑"窗口中选择了起始点和长度,则可编辑对象的起点(xS,yS,zS)和边的长度(xL,yL 和 zL)。

4. 几何形状

Airpak 在"对象编辑"窗口中显示当前选定对象的几何图形。要修改几何图形,须从可用几何图形列表中选择新几何图形。可用的几何图形取决于选定对象的类型。例如,块可用的几何图形有长方体、圆柱体、多边形、椭球体和椭圆圆柱体。当前选定对象的几何图形也可以在形状下拉列表的对象面板中指定。

Airpak 中可用的几何图形如下所示:
- 矩形
- 圆形

- 倾斜
- 多边形(二维和三维)
- 棱柱体
- 圆柱形
- 椭球体
- 椭圆圆柱体
- CAD

(1)矩形物体

矩形物体的位置和尺寸参数包括物体所在的坐标平面($Y-Z$、$X-Y$ 或 $X-Z$)及其物理尺寸。需先指定所在坐标平面,然后定义物理尺寸。矩形物体由其左下角和右上角的坐标定义,其样式如图 3-3 所示。它们分别称为起点(xS, yS, zS)和终点(xE, yE, zE)。垂直于物体平面的坐标轴坐标仅在起点处指定,而终点将使用和起点相同的值。例如,如果物体在 $X-Z$ 平面中,则指定 xS, yS, zS, xE 和 zE,Airpak 会自动将 yE 设置为与 yS 相同的值。

矩形几何图形可用于以下物体:

- 风机
- 通风口
- 送风口
- 墙
- 隔断
- 源
- 阻抗

(2)圆形物体

圆形物体由其圆心(xC, yC, zC)、物体所在平面($X-Y$、$Y-Z$ 或 $X-Z$)及其半径定义,如图 3-4 所示。对于圆形风机,可以指定轮毂或半径(Radius)的大小。

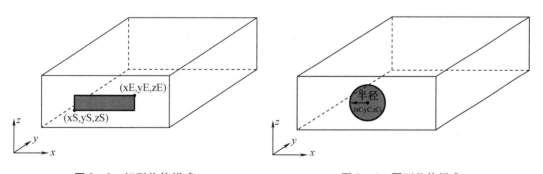

图 3-3　矩形物体样式　　　　　图 3-4　圆形物体样式

圆形几何图形可应用的物体与矩形几何图形相同。

(3)斜面物体

斜面物体只有两条边与坐标轴(X、Y 或 Z)对齐,其物理尺寸由作为其边界的矩形框的坐标定义。框的左下角和右上角分别称为起点(xS, yS, zS)和终点(xE, yE, zE),如图 3-5

所示。

要完成斜面物体的定义,必须指定其旋转的轴和物体的方向。通过在下拉列表中选择 X、Y 或 Z 来指定旋转轴。在"位置(Location)"下的"指定方式(Specify by)"下拉列表中有下列三个选项,可以从三个选项中选择一个以指定倾斜物体的位置。

"开始/结束(Start/end)"选项可以输入开始坐标(xS,yS,zS)和结束坐标(xE,yE,zE)的值,并通过在下拉列表中选择正(Positive)或负(Negative)来指定方向(Orientation)。

"开始/长度(Start/length)"选项可以输入物体的开始坐标(xS,yS,zS)和边长度(xL,yL 和 zL)的值,并通过在下拉列表中选择正(Positive)或负(Negative)来指定方向(Orientation)。

"开始/角度(Start/angle)"选项可以输入物体的开始坐标(xS,yS,zS)和边长度(xL,yL 和 zL)的值,并指定物体的倾斜角度(Angle)。

斜面的几何形状可应用的物体也和矩形相同。

(4)多边形物体

在 Airpak 中可以使用多边形物体创建二维多边形(图 3-6)和三维多边形(图 3-7)。

二维多边形物体由其所在平面(Y-Z,X-Z 或 X-Y)及其顶点坐标(如顶点 1,顶点 2,顶点 3)来描述。可以使用"添加(Add)"和"删除(Remove)"按钮添加和删除顶点。

垂直于物体平面的坐标轴上坐标仅由第一个顶点指定。对于其余顶点,将使用相同的值。例如,如果物体位于 X-Z 平面中,则为顶点 1 指定(x1,y1,z1),为顶点 2 指定(x2,z2),为顶点 3 指定(x3,z3),Airpak 自动设置 y2 = y3 = y1 等。

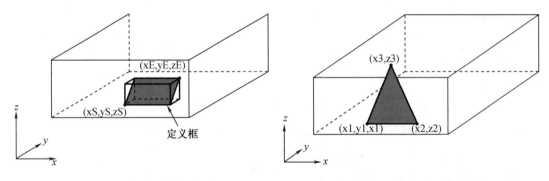

图 3-5　斜面物体样式　　　　　图 3-6　二维多边形物体样式

二维多边形几何图形可用于以下物体:通风口、送风口、墙、隔断、源、阻抗。

三维多边形物体可以表示棱台和棱柱。默认情况下三维多边形为棱柱,它由其底面所在的平面(Y-Z,X-Z 或 X-Y)、高度和底面上的顶点坐标来描述(例如,顶点 1,顶点 2,顶点 3)。当选择不均匀(Nonuniform)时,三维多边形为棱台,可以具有不同形状的上底面和下底面。非均匀三维多边形物体样式如图 3-8 所示,它由其底面所在的平面(Y-Z,X-Z 或 X-Y)、高度及其上下底面顶点坐标(例如,low 1,low 2,low 3,high 1,high 2,high 3)来描述。非均匀三维多边形物体的顶边和底边可以形状不同,但必须彼此平行并且具有相同数量的顶点。而且,它们的质心不一定位于平行于任何一个坐标轴的直线上。

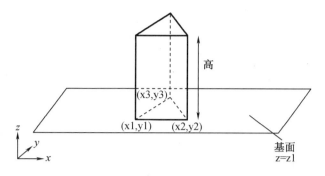

图 3-7 三维多边形物体样式

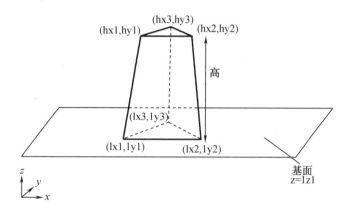

图 3-8 非均匀三维多边形物体样式

三维多边形几何图形可用于以下物体:块、风机、循环风口、排烟罩的顶棚(canopy)。

(5) 长方体物体

长方体(Prism)物体的侧面与三个坐标平面对齐。其位置由左下角和右上角的坐标定义,即物体起点(xS,yS,zS)和物体终点(xE,yE,zE),如图 3-9 所示。

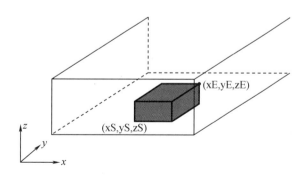

图 3-9 长方体物体样式

长方体几何可用于以下物体:块、人(头部、身体、手臂、腿、大腿)、源、阻抗、排烟罩颈部(neck)。

(6) 圆柱物体

圆柱物体根据是否均匀(uniform)可以分为圆柱和圆台。对于同心圆柱体,还应该指定内半径(整数半径)的值。均匀的圆柱物体(图 3 - 10)在物体的整个高度上都具有恒定的半径,并且可以通过其半径、高度、其底部所在的平面(YZ、XZ 或 XY)以及位置来描述。它底边中心的坐标为(xC,yC,zC)。

非均匀(Nonuniform)圆柱物体(图 3 - 11)的半径随物体高度线性变化,可以用为均匀圆柱体指定的参数和圆柱体顶部半径来描述。对于非均匀圆柱体(圆台形状的物体),选择"非均匀半径",然后在"平面"下拉列表中选择" Y - Z"" X - Z"或" X - Y",指定基座所在的平面。在"位置"下,可以指定圆柱体底部的半径,圆柱体顶部的半径(半径2)、高度,以及基体中心的位置(xC,yC,zC)。对于同心圆柱体,还应该为圆柱体底部的内半径(整数半径)和圆柱体顶部的内半径(整数半径2)指定一个值。

圆柱形几何体可用于以下物体:块、风机、循环风口、源、阻抗。

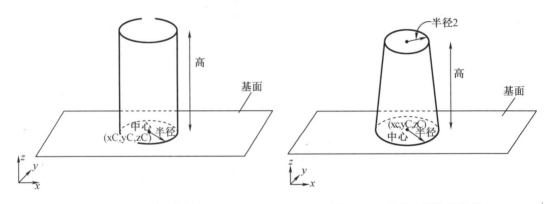

图 3 - 10　圆柱物体样式　　　　　图 3 - 11　非均匀圆柱物体样式

5. 物理属性

Airpak 允许您在物体面板中指定物体的物理特性。物理特性和物体类型有关。物体的热参数也在物体面板中指定。

3.1.3　材料属性

当 Airpak 自带材料库中未包含想要的材料时,可以自己创建一种材料。模型管理器窗口材料部分如图 3 - 12 所示。通常,需要设置的材料属性包括:密度(Density)、分子量(molecular weights)、黏性系数(Viscoity)、比热容(Specific heat capacity)、热导率(Thermal conductivity)、扩散系数(Diffusivity)、体积膨胀系数(Volumetric expansion coefficient)、表面粗糙度(Surface roughness)、发射率(Emissivity)、太阳和漫反射的吸收率和透射率(Solar and diffuse absorptance and transmittance)。

材料的某些参数可能是定值,也可能是随温度变化的函数,也可能是速度的函数,例如对流换热系数。可以在模型管理器窗口中查看材料,如图 3 - 12 所示。双击后可查看材料的具体参数。

Airpak 中的材料通常分为固体(Solid)、流体(Fluid)和表面(Surface),其需定义的参数分别如图 3-13~图 3-15 所示。

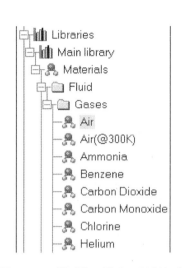

图 3-12　模型管理器窗口材料部分

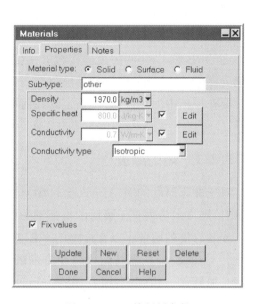

图 3-13　固体材料参数

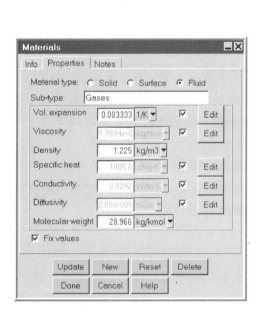

图 3-14　流体材料参数

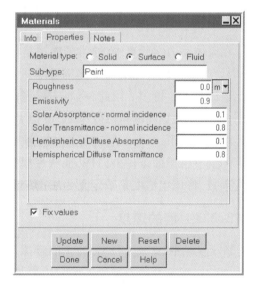

图 3-15　表面材料参数

3.2　房间围护结构的建模

　　墙壁(Walls)是构成房间边界的物体。可以根据墙壁的厚度、速度和热流密度来说明墙壁。墙的几何形状包括矩形、二维多边形、圆形和斜面。

　　默认情况下,房间侧面是零厚度的墙,具有零速度和绝热边界条件。要修改房间边界的特征,必须创建外墙并指定热条件。要在房间内部构造墙,必须指定墙的厚度。墙壁的内表面为无滑移速度边界条件。对于湍流,还可以指定墙壁的表面粗糙度,其作用是增加对流的阻力。

墙的内侧是与房间中流体接触的一侧,墙的外侧是暴露于房间外部条件的一侧。对于厚度为零的墙,该墙的内侧和外侧重合。但是,内表面和外表面材料可以不同。

要在模型中配置墙,必须指定其几何形状(包括位置和尺寸)、速度、厚度、热参数及墙的材质。

3.2.1 墙的厚度

对于非零厚度的墙,Airpak 会自动从墙的指定平面向内或向外延伸墙。如果厚度值为正,则扩展方向为垂直于墙壁的坐标轴的正方向。如果厚度值为负,则扩展方向为负方向。

非零厚度的墙壁可以在墙壁的平面内或垂直于墙壁的平面传导热量,并且可以各向异性地传导热量,即根据特定于每个方向的导热率(墙壁指定的固体材料的参数)进行传导。它们必须具有一定的物理厚度,以便 Airpak 可以在墙的内部生成网格。有效厚度(Effective - thickness)的墙与非零厚度墙具有相同的属性,但是它们没有物理厚度,它们只能具有有效的厚度。

3.2.2 表面粗糙度

在流体动力学计算中,通常的做法是假定边界表面完全光滑。在层流中,此假设是正确的,因为典型粗糙表面的长度比例远小于流动的长度比例。然而,在湍流中,涡流的长度尺度比层流尺度小得多。因此,有时需要考虑表面粗糙度。表面粗糙度起到增加流动阻力的作用,从而导致更高的传热效率。

默认情况下,Airpak 假定与流体接触墙的所有表面在流体动力学上都是光滑的,并采用标准的无滑移壁面条件。但是,在湍流模拟中,粗糙度很重要,所以可以指定整个壁面的粗糙度系数,将该粗糙度系数定义为墙指定的表面材料的部分性能。

3.2.3 墙的速度

在大多数情况下,墙代表静止的物体,但偶尔会出现模型需要墙移动的情况。例如,如果图 3 – 16 所示的移动带位于房间边界处,则可以表示为以固定速度移动的墙。移动的墙厚度只能为 0。

当指定墙的类型为移动(Moving)墙时,只允许在墙所在的平面内移动,即墙在其平面外没有平移。而且,由于无滑移条件,与墙接触的空气也与墙一起被拉动。对于图 3 – 16 所示的示例,必须指定墙 x 方向的速度为 V,y 方向的速度为 0。Airpak 自动认为垂直于墙平面的方向(在此示例中为 z 方向)上速度为 0。

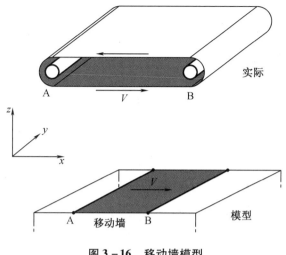

图 3-16 移动墙模型

3.2.4 热边界条件

外墙可以具有两个不同的热边界条件:指定的热流密度(Outside heat flux)或固定的温度(Outside temp)。在这两种条件下,默认情况下都假定壁的厚度为 0。当这两个参数都不知道时,外墙可以设置墙外侧的条件(External conditions),这些条件使 Airpak 能够计算墙的热流密度和温度,如图 3-17 所示。

墙最简单的热边界条件是指定热流密度。对于绝热壁面,热流密度为 0。对于厚度不为 0 的墙,热流密度设置在墙的外表面。对于瞬态问题,还可以指定热流密度随时间的变化。

在大多数情况下,墙内表面的温度是未知的。但是,如果温度是已知的(例如墙面内有设定温度的辐射板),则可以将温度直接用作墙壁表面的热边界条件。对于非零厚度的墙,温度设置在墙的外表面。对于瞬态问题,还可以指定温度随时间的变化。

在某些情况下,外壁内侧的热流密度和温度都不是已知的。在这种情况下,可以通过定义一个有厚度的墙,来计算从壁面到外部环境的传热。也可以指定厚度为 0 的墙,然后在墙上设置对流和辐射传热条件,如图 3-18 所示。

可以使用能量方程计算非零厚度墙壁内部与外部环境的传热。对于这些计算,必须指定墙壁材料的导热系数和墙壁的厚度。对于瞬态问题,还必须指定墙的密度和比热容。

房间内的热量可以通过外墙的外表面与周围环境进行辐射传热和对流换热来传递。外墙的内表面也可以将热量通过对流或辐射传递到房间内的物体上。可以将这两种类型的传热条件应用于厚度为零或非零的墙。

对流传热边界条件可以写为

$$q_{\text{conv}} = h_c (T_{\text{wall}} - T_{\text{ambient}}) \tag{3-1}$$

式中 q_{conv}——得热量或散热量 W/m²;

h_c——对流换热系数,W/(m²·℃);

T_{wall}——计算的壁面温度,℃;

$T_{ambient}$——定义的外部环境温度，℃；即外部流体的温度。

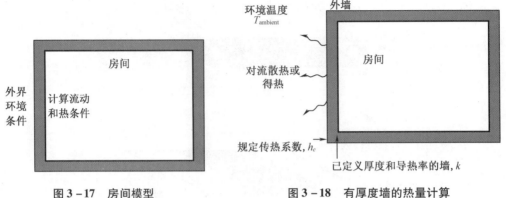

图3-17 房间模型　　　　图3-18 有厚度墙的热量计算

根据式(3-1)，如果墙壁温度高于环境温度，则与温差成正比的热量将从房间散失到环境中。同样，如果墙壁温度低于外部温度，则热量会传递到室内。相对地，如果指定了墙壁处热流量，则墙壁的得热量或散热量与墙壁和环境的温度无关。

传热系数可以指定为常数或温度的函数。对于瞬态问题，可以指定传热系数随时间的变化。

辐射热传递边界条件提供了房间墙壁和远处表面之间的热传递，可以写成

$$q_{rad} = e\sigma F(T_{wall}^4 - T_{remote}^4) \tag{3-2}$$

式中　q_{rad}——由于辐射引起的得热或散热的热流密度，W/m²；

T_{remote}——远处表面的温度，℃；

σ——斯蒂芬-玻尔兹曼常数；

F——空间角，代表了得到辐射的比例；

e——墙的表面发射率。

在不需要计算墙壁内热传递的情况下(例如，如果壁很薄并且由导热性好的材料制成)，则墙壁的厚度可以设置为0。在这种情况下，对流换热边界条件和辐射换热边界条件直接应用于外墙的内表面。

3.2.5 建造多面墙

Airpak会自动从通风口、送风口或风机占据的空间中删除墙壁的释义，实际上，在与这些物体重合的地方，墙壁的属性将不保留。

可以使用相同的方法来构造由不同材料制成的墙。就像图3-19中展示的那样，外墙边界可以由两种不同的材料组成：墙壁1由材料1制成，墙壁2由材料2制成。首先应创建墙壁1，然后是墙壁2。当将墙壁2覆盖在墙壁1上时，墙壁2定义的参数将覆盖墙壁1。这种方法可以用来创建外墙上的窗户。

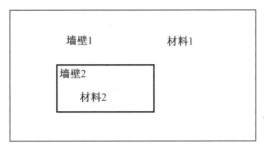

图 3-19 多面墙

3.3 风口建模

Airpak 中有两种风口模型,一种是送风口 Opening,可以指定速度,相当于实际模型中的送风口,计算时以速度边界条件计算。一种是通风口 Vent,相当于实际房间中的一个百叶风口,空气可以流进流出,在计算时以压力边界条件计算。

3.3.1 通风口概述

在大多数实际情况下,通风口(Vent)都有覆盖物(例如,筛网、成角度的板条、金属通风口),这些覆盖物会导致整个通风口平面的压降,Airpak 处理压降的方式与处理通过阻抗物体的压降方式相同。

空气可以通过通风口进入或离开房间,通过通风口的实际流向由 Airpak 计算,也可以预先设置一个通风口的流动方向。在某些情况下,如热压驱动下的通风,空气可以通过通风口的上部区域进入,在下部区域流出。

由于通风口外部的空气可能在压力作用下进入室内,所以需要指定通风口外部的温度。默认情况下,通过通风口进入房间的空气温度假定为"基本参数(Basic parameters)"面板中"环境值(Ambient values)"下指定的环境温度。如果空气通过通风口离开房间,则温度将被忽略。

要在模型中配置通风口,必须指定其几何形状(包括位置和尺寸)。为了获得最佳结果,通风孔的尺寸和几何形状应与实际通风孔的尺寸和几何形状紧密匹配。在某些情况下,还必须指定温度、压力、物质浓度、湍流参数和用于计算通风口压降的方法。

3.3.2 通风口的阻力计算

Airpak 可以计算空气从通风口流出的风速、方向和温度,这个计算基于出口处的压力值。如果没有为房间外部压力指定一个值,Airpak 将使用基本参数面板中环境值下指定的环境压力。

考虑到由于通风口上存在筛网或有角度的板条而造成的压力损失,必须指定损失系数或选择通风口类型。Airpak 可以根据通风口的有效面积系数计算不同类型通风口的损失系数。Airpak 提供下列通风口类型：

有孔的细通风口（Perforated thin vent），损失系数为：

$$l_c = \frac{1}{A^2}[0.707(1-A)^{0.375} + 1 - A]^2 \qquad (3-3)$$

其中 A 为开孔率。

一种圆形金属丝网（Circular metal wire screen），其损失系数为：

$$l_c = 1.3(1-A) + \left(\frac{1}{A} - 1\right)^2 \qquad (3-4)$$

其中 A 为开孔率。

一种带有圆柱形杆的双平面筛（Two-plane screen, cyl. bars），其损失系数为：

$$l_c = \frac{1.28(1-A)}{A^2} \qquad (3-5)$$

其中 A 为开孔率。

不同类型风口损失系数随开孔率的变化如图 3-20 所示。

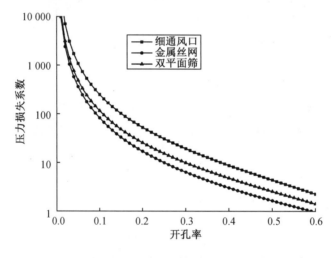

图 3-20　损失系数

另外，Airpak 可以通过接近速度法（Approach-velocity）或设备速度法（Device-velocity）计算产生的压降，此时通风口类似于一个阻抗。

3.3.3　在模型中添加通风口

在 Airpak 模型中添加通风口的步骤如下：

（1）先使用对象创建工具栏创建一个通风口，或者复制一个现有通风口。

（2）如果需要，可以改变通风口的名称、图形显示样式等。

（3）在"几何（Geometry）"选项卡中，定义几何形状、大小和位置。通风口有 4 种几何形状。

（4）在"参数（Properties）"选项卡中，定义通风口的一些特性。定义通风口类型（Vent type）是内部的（Internal）还是外部的（External）。选择损失系数的方式，自动的（Automatic）、接近速度法(Approach - velocity)和设备速度法(Device - velocity)。如果是自动的,选择通风口的样式,并指定开孔率。除此之外,还须定义通风口处的压力、温度,以及流动方向。如果需要,类似于风机,还可以定义通风口处的组分、湍流参数等。

3.3.4 送风口概述

送风口(Opening)是二维建模对象,几何形状包括矩形、圆形、2D多边形和倾斜形。送风口类型包括自由(Free)风口和循环(Recirculation)风口。自由开口单独指定,循环开口需指定两部分,送风口(Supply)和回风口(Extract)。回风口部分代表从室内中抽出空气的位置,送风口部分代表将空气送回至室内的位置。

送风口应位于房间边界,即房间的墙壁或空心块的表面。自由风口表示房间内有一个空调送风口,如中央空调的送风口。循环风口代表了某些设备,例如加热器、房间空调器或净化器的模型,这些设备从房间的某个位置抽取空气,然后将其供应到房间中不同位置,这个过程包含了热量或组分浓度的变化。循环风口的送风口、回风口的几何形状可以不同,但质量流量必须相同。如果两个部分的尺寸不同,则可以指定不同的质量流率,但是两个部分的质量流量(质量流率×面积)必须相同。

要在模型中配置送风口,必须指定其几何形状(包括位置和尺寸)和类型。对于自由风口,您还可以在开口处设定温度、静压、组分浓度、速度和湍流参数。

对于瞬态问题,您可以设定温度、压力、组分浓度、速度和湍流参数随时间的变化。对于循环风口,还可以设定循环回路中流体的质量流率和热处理。可以将热处理指定为恒定的温度升高(或降低)、固定的热量输入(或提取)或指定和外部温度的导热系数,还可以设定循环风口送风口的方向及循环回路中的组分变化。

3.3.5 自由送风口

自由风口位于固体物体(例如,块、隔板)的表面上,或者诸如墙壁的平面物体上,流体可以通过该区域沿任何方向自由流动。在大多数情况下,自由风口表示在房间边界上的开口,模型中的流体可以与外部环境相连接。

默认情况下,作为求解的一部分,Airpak计算通过自由风口的流量。

对于位于房间墙壁上的自由风口,Airpak会基于外部静压来计算通过开口的流量。对于送风速度不垂直于风口平面的情况,Airpak还可以指定各个方向上速度分量及开口处的组分浓度和湍流参数。此外,还可以在自由风口处指定压力、温度、速度、组分浓度和湍流参数的边界值。

3.3.6 循环风口

循环风口是循环设备的建模,例如加热或冷却单元。在这种设备中,流体通过开口的出口部分(Extract)从房间中抽出,并通过送风口(Supply)返回到房间,循环风口效果如图3-21循环风口效果所示。循环风口中回风口、送风口的大小和几何形状可以互不相同。

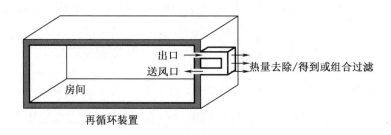

图 3-21 循环风口效果

可以通过在绝热块的两个不同侧面上放置循环风口的回风口和送风口来对内部再循环设备进行建模。但是不能用导热固体块来表示内部再循环设备。

Airpak 提供三种方式来指定流经循环设备的流量：
- 通过开口的总质量流量
- 开口每单位面积的质量流量
- 通过开口的总体积流量

由于送风口和回风口的大小可能不同，因此可能会导致单位面积的质量流量不同，但每个风口的质量流量相同。

默认情况下，通过再循环开口抽取或供应流体的流动方向垂直于该部分的平面。此外，您也可以指定流量以一定角度离开送风口。请注意，Airpak 仅使用方向参数来确定流体流动的方向，它们不影响速度的大小。

当流体通过再循环设备流出并重新进入壁面时，其温度会升高或降低。Airpak 会根据回风温度和通过循环设备的热量变化重新计算进入室内空气的温度。

Airpak 提供了三种计算 T_{supply} 的方法。第一种方法要求设定应用于设备内流体的恒定温度变化 ΔT。在这种情况下，T_{supply} 计算如下：

$$T_{supply} = T_{extract} + \Delta T \tag{3-6}$$

其中，$T_{extract}$ 为壁面上排风口表面的平均流体温度，℃。

第二种方法需要指定再循环设备输入到流体或从流体中提取的热量 ΔH，W。在这种情况下，T_{supply} 计算如下：

$$T_{supply} = T_{extract} + \frac{\Delta H}{c_p \dot{m}} \tag{3-7}$$

其中 c_p 为在"基本参数"面板中选择的默认流体材料的流体比热容，kJ/(kg·℃)；$\dot{m}$ 为通过设备的质量流量，kg/s。

第三种方法：

$$T_{supply} = T_{extract} - \frac{h_1 A (T_{extract} - T_{external})}{c_p \dot{m}} \tag{3-8}$$

当流体通过再循环设备流出并重新进入房间时，您可以在再循环回路中指定种类的增加或减少。

3.4 室内物体建模

对于室内物体,大部分采用 Block 或 Partitions 的几何模型来建模。

Block 是三维建模对象。Block 的几何形状包括棱柱、圆柱体、椭圆体、椭圆圆柱体和 3D CAD。Block 类型包括实心、空心和流体三种块。

根据块的类型,需要指定的物理,种类和热特性会有所不同。所有类型的块(或块的各个侧面)都可以与模型中的其他对象进行辐射换热。房间内如果存在块,则其非接触表面的任何部分都可能暴露于房间内的流体中。默认情况下,所有块表面都是流体无滑移壁面。对于湍流,可以指定粗糙度参数。

要在模型中配置实心、空心或流体块,必须指定其几何形状(包括位置和尺寸)、类型,以及其物理和热特性。

3.4.1 块的类型

Airpak 块有三种类型:实心、空心和流体。尽管它们有一些相同的设置,但它们也有不同之处:固体块代表实际的固体,并且可以具有物理和热特性,例如密度、比热、导热系数和热流密度。Airpak 将固体块的内部视为计算域的一部分,并同样求解块内部的温度分布。

空心块表示模型的三维区域,对于这些三维区域,仅侧面特征重要。Airpak 不会在空心块区域内建立网格或者求解。空心块表面可以设定为绝热(不渗透热流)或具有固定、均匀的温度或热通量。

流体块是可以独立设定流体特性的区域,在"基本参数"面板中为流体属性设定的值即为默认值。流体块的各个侧面参数在设定时与实心和空心砌块相同。如果在流体块的侧面设定了单个壁面参数,则该块的侧面定义为零厚度壁面。

3.4.2 物理和热定义

块的物理特性和热性能因块类型而异:

固体块可以定义与材料特性有关的参数。

空心块可以定义的参数仅包括与块表面本身有关的参数,例如温度、热通量、种类,以及表面是否为绝热。

流体块可以定义的参数与块内流体的属性有关。

在流体动力学计算中,通常的做法是假定边界表面完全光滑。在层流中,此假设是正确的,因为典型粗糙表面的长度比例远小于流动的长度比例。然而,在湍流中,涡流的长度尺度比层流尺度小得多。因此,有时需要考虑表面粗糙度。表面粗糙度起到增加流动阻力的作用,从而导致更高的热传递速率。

默认情况下,Airpak 假定块的所有表面都是流体动力学光滑的,并应用标准的无滑移边界条件。但是,对于粗糙度显著的湍流模拟,可以为整个块或块的每一侧(对于实心块、中空块和流体块)指定粗糙度因子。可以将粗糙度系数定义为块表面材料的一种属性。

除了为整个块设定参数外，Airpak 还可以为块的每个侧面设定参数。侧面特定的参数包括与表面热特性（例如温度和热流密度）及辐射相关的参数。

如果将块的侧面设定为绝热，则 Airpak 会将其视为不受热流影响。当将块侧设定为固定温度时，Airpak 会假定该侧为恒定温度。如果将块侧设定为固定热量，则 Airpak 会假定它以恒定速率均匀地散发或吸收热量。可以根据总热量或每单位面积的热量来设定固定的热流密度。如果该块的侧面受到太阳的载荷，则可以使用太阳通量宏来计算太阳辐射通量，然后用太阳辐射通量的值设定块的热流密度。

3.4.3 Block 重合时的热参数

块可以与其他块、对象组合以实现各种各样的复杂形状。在组合块以创建自定义对象时，需要注意重合部分，以确保热属性的分配和想要的模型一致。以下示例说明了控制两个或多个对象组合创建的对象中热量传递的一般规则。

1. 两个 Block 有重合面

当模型包含两个具有重合表面的块时，如果两个块都为实心导热固体，则 Airpak 会计算块之间传递的热量。要在块的接触面上（例如，块之间的涂层），即在重合区域设置一个接触热阻。当一个（或两个）块设定为空心块时，不会在重合表面上发生热传递。

2. Block 之间有重合体积

当两个 Block 之间有重合体积时，重合区域拥有后建的块的所有属性。

当一个块与一个隔断有重合区域时，如果隔断有厚度，将隔断视为固体块处理。如果隔断没有厚度，热量不能从块传递到隔断中。如果块是设定温度或设定热流密度，则热量可以从块传递到隔断，但是不能从隔断传递到块。

3. 块和隔断有重合区域

一个隔断可以嵌入到块中来引入各向异性的导热率。此时热量处理有两个原则。一是与固体导热块相交的隔断覆盖了这部分块的热特性，而不考虑谁先创建，例如一个零导热率的隔断可以在块中绝热。二是如果块被定义为绝热、固定热量或固定温度，隔断的存在没有影响，块内隔断部分将被忽略。

4. Block 位于外墙上

外墙上的导热固体块将与墙壁交换热量，如果块被定义为散热，那么块将通过与墙重合的那一侧将热量传递给墙。

如果与外墙相连的块被定义为绝热，那么块和墙之间不会有热传导，如果块被定义为恒定热量或恒定温度，块可以将热量传递给墙，但墙不能将热量传递给块。

5. 圆柱体、多边形柱体、椭球体或椭圆形柱体置于长方体块上

如果相邻的块都被定义为导热固体块时，Airpak 会计算这些块之间传递的热量。

如果两个块之间有一个是不导热的，即在这两个块之间没有发生热量传递，Airpak 只会计算每个块暴露在流体中面的传热。

3.5 房间隔断建模

隔断是流体不能穿过的对象。它们可以有厚度,并可以由其几何形状和类型来定义。隔断的几何形状包括矩形、二维多边形、圆形和斜面。

隔断的分区类型由其相关的热模型定义,包括绝热薄(Adiabatic thin)、传导厚(Conducting thick)、传导薄(Conducting thin)、中空厚(Hollow thick)或接触热阻(contact resistance)。绝热的薄隔断在隔断平面上和平面法向都不会传导热量。可导热的厚隔断可以沿任一方向传导热量,并且具有一定的厚度。可导热的薄隔断可以沿任一方向传导热量,并且没有物理厚度。中空的厚隔断可以在隔断的平面内传导热量,但不能在隔断平面法向上传导热量。接触热阻的隔断模拟了由诸如表面涂层或胶水之类的壁面引起的热阻。流体隔断也可用于在实心隔断上开孔。

3.5.1 在 Airpak 中定义隔断

在 Airpak 中,隔断的面用隔断法向量上的高(High)和低(Low)来定义。无滑移边界条件适用于与流体接触的任何隔断表面,对于湍流,您可以为隔断的任意一侧设定表面粗糙度。隔断的侧面可以与模型中的其他对象进行辐射换热。

要在模型中配置隔断,必须设定其几何形状(包括位置和尺寸)和类型、热特性及每一面的材料。

如果设定的矩形、二维多边形或圆形分区的厚度为非零值,则该厚度将沿正或负坐标方向(垂直于分区的平面)延伸。当厚度为正值时,厚度沿坐标正向增加,当厚度为负值时,厚度沿坐标负向增加。对于倾斜的隔断,Airpak 将设定的厚度均匀分布在隔断的两侧。

可以单独使用隔断,也可以将其与其他建模对象结合使用以创建复杂的对象,来实现复杂的热仿真。例如,隔断和块可用于建造车厢、办公室、复杂的隔间。

3.5.2 热模型选项

隔断根据其相关的热模型定义,可以设定为绝热薄、传导厚、传导薄、中空厚或接触热阻。

绝热的薄隔断的厚度为 0,并且不会在垂直于隔断或沿隔断平面的任何方向上导热。

导热的厚隔断可以沿隔断的平面传导热量,并且可以根据每个方向特定的导热系数(定义为隔断指定固体材料属性的一部分)各向异性地进行导热。它们必须具有物理厚度,以便 Airpak 可以在隔断内部生成网格。对于瞬态模拟,还可以为隔断设定密度和比热(定义为隔断指定固体材料属性的一部分),从而既可以传热又可以蓄热。

导热的薄隔断具有与导热的厚隔断相同的特性,只是它们没有物理厚度。它们只能具有有效的厚度。

接触热阻隔断代表物体之间或物体与相邻流体之间的热传递障碍。可以根据热导率或接触热阻来设定阻挡层的热阻。基于导热系数的热阻由导热系数(隔断固体材料的属性)和隔断厚度定义。隔断材料的导热系数必须是一个定值,即导热率一定不是温度的函数。接触热阻隔断可以具有有效的厚度,在这种情况下,Airpak 不会在隔断内部生成网格。

空心厚隔断代表了模型的三维区域,对于这些区域,侧面特征很重要,在以空心隔断的侧面为边界的区域内,Airpak 不会求解温度或流量。

3.5.3 表面粗糙度

在流体动力学计算中,通常的做法是假定边界表面完全光滑。在层流中,此假设是正确的,因为典型粗糙表面的长度比例远小于流动的长度比例。然而,在湍流中,涡流的长度尺度比层流尺度小得多。因此,有时需要考虑表面粗糙度。表面粗糙度起到增加流动阻力的作用,从而导致更高的传热效率。

默认情况下,Airpak 假定隔断的所有表面都是流体动力学光滑的,并应用标准的无滑移边界条件。但是,对于其中粗糙度很重要的湍流模拟,可以为整个隔断或隔断的每个侧面设定粗糙度系数。粗糙度系数被定义为隔断表面材料性能的一部分。

3.6 风机模型

风机是二维或三维建模对象。风机用于将空气送入、送出室内或在室内提供压差,使空气在房间内部流动。风机的几何形状包括圆形、矩形、倾斜和二维多边形。风机类型包括固定流量和设定特性曲线。固定流量的风机模型只能位于房间的墙壁上,并且必须设定为进气(将空气送入房间)或排气(将空气排出房间)。设定特性曲线的风机模型,可以位于房间内或房间边界的任何位置。

风机通常包含流量的大小和方向。圆形风机可以具有半径非 0 的中心轮毂,而矩形风机可以具有矩形轮毂。轮毂处没有空气通过,但可以和空气换热。流量的大小可以设定为固定值,也可以设定为风机两端压降的函数。

3.6.1 在 Airpak 中定义风机

图 3-22 显示了房间边界上的两个风机,一个定义为进气风机,另一个定义为排气风机。进气风机将空气送入房间,默认情况下,Airpak 假定从外界环境中抽取空气,即送风温度为环境温度,或者可以设定送风温度。排气扇以风机位置处流动条件计算排气的流动方向和温度。

特性曲线风机可以定义为排气(Exhaust)、进气(Intake)或内部(Internal)三种类型。内部风机完全位于室内,如图 3-23 所示,四周都被空气包围。内部风机的流向可以设定为坐标正向(Positive)或反向(Negative)。

要在模型中配置风机,需要设定其几何形状(包括位置和尺寸)、类型、与风机相关的流速及旋流状况。对于瞬态仿真,还必须为特性曲线风机设定与风机强度有关的参数。还可以在风机上设定组分浓度和湍流参数。

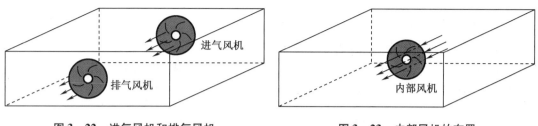

图3-22 进气风机和排气风机　　　图3-23 内部风机的布置

3.6.2 风机中的几何尺寸

圆形风机可以包括轮毂。在创建对象时应设定轮毂的大小(内径),以及其整体大小(外径),如图3-24所示。

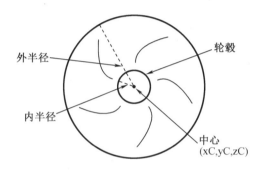

图3-24 圆形风机的相关定义

矩形风机也可以包括一个轮毂。要为矩形风机创建轮毂,则必须设定轮毂的等效半径 r,如图3-25所示。Airpak 将创建一个面积为 πr^2 的矩形轮毂。使用矩形轮毂的面积和矩形风机的边长之比(图3-25中的 d_1 和 l_1)来计算矩形轮毂的边长(图3-25中的 d_2 和 l_2):

$$d_2 l_2 = \pi r^2, 且 \frac{d_2}{l_2} = \frac{d_1}{l_1}$$

如果风机是方形的,则 $d_2 = l_2 = x$,并且

$$x^2 = \pi r^2, 即\ x = \sqrt{\pi} r$$

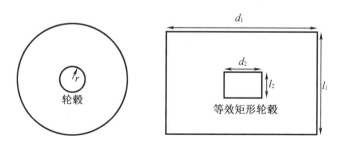

图3-25 矩形风机

3.6.3 流动方向

排风机将流体排出房间。气流沿垂直于风机的方向离开房间,默认情况下,通过进气风机的气流方向垂直于风机平面。但也可以设定风机的流向,从而对倾斜风机的效果进行建模,如图 3-26 所示。

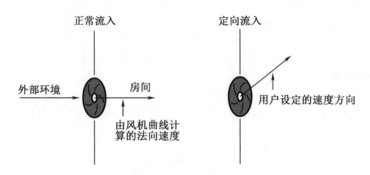

图 3-26 进气风机流动方向

内部风机可以位于房间内的任何位置,流体沿垂直于风机的方向流过风机。但是还须设定内部风机的流向,正向(Positive)或负向(Negative)。对于矩形风机、多边形风机或圆形风机,流向沿轴坐标增加的方向为正向(Positive),沿坐标减小的方向为负向(Negative)。对于一个倾斜(Inclined)的风机,用相对于倾斜风机的旋转轴定义正负方向:

如果倾斜风机的旋转轴为 x 轴,则正向(Positive)为正 y 方向,负向(Negative)为负 y 方向。

如果倾斜风机的旋转轴为 y 轴,则正向(Positive)为正 z 方向,负向(Negative)为负 z 方向。

如果倾斜风机的旋转轴为 z 轴,则正向(Positive)为正 x 方向,负向(Negative)为负 x 方向。

3.6.4 定义旋流

要设定风机的旋流,必须设定风机的旋流因子或转速。

默认情况下,Airpak 假定流体沿垂直于风机平面的方向从风机中流出。也可以设定涡旋幅度,这使流动方向在 θ 方向(即叶片旋转的方向)上倾斜。旋流因子定义为:

$$u_\theta(r) = u_z(r)\left(\frac{r}{R}\right)S \tag{3-9}$$

式中 $u_\theta(r)$——切向速度;

$u_z(r)$——风机轴向上的速度;

R——风机的外半径;

S——旋流因子(默认情况下 $S=0$)。

除了设定旋流因子外,Airpak 还可以允许根据风机的工作状态来设定旋流。这是通过设定风机的转速(n)实现的。然后,随着风机工作点在风机曲线上的变化,旋流强度(切向速度与轴向速度之比)便会发生变化。例如,如果通过风机的流量减小,则涡旋量将增加,并且如果通过风机的流量增大,则涡旋量将减小。风机转速定义旋流时:

$$u_\theta(r) = \left[(n) \times \frac{2\pi}{60} \times r\right]\frac{1}{20} \tag{3-10}$$

其中 r 为径向坐标,并且假定仅将风机最大切向速度的5%传递到空气中。

3.6.5 风机的特性曲线

在实际应用中,风机的性能由其特性曲线描述。但在 Airpak 中,还可以设定恒定的总质量流量或体积流量。

体积流量与风机两端的压降(静态压力)之间的关系由风机特性曲线描述,该曲线通常由风机制造商提供。图 3-27 给出了普通管轴式风机的特性曲线,该图是根据总体积流量 Q 和风机静压 p_{fs} 绘制的。

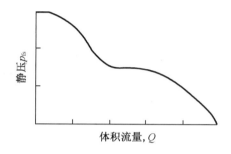

图 3-27 风机的特性曲线

对于线性风机特性曲线,仅需要设定零静压时的体积流量 Q_0 和零流量时的风机静压 p_0。线性风机特性曲线的方程为

$$Q = Q_0(p_0 - p_{fs})/p_0 \tag{3-11}$$

在大多数情况下,线性特性曲线无法在其整个工作范围内充分逼近真实风机特性曲线,因此,如果可能的话,最好设定实际风机特性曲线。

风机静压的计算公式为:

$$p_{fs} = p_{discharge} - p_{intake} \tag{3-12}$$

其中,p_{intake} 为风机进气侧表面平均压力,而 $p_{discharge}$ 为风机排气侧表面平均压力。

对于内部风机,p_{intake} 和 $p_{discharge}$ 均由 Airpak 计算。对于进气风机,$p_{discharge}$ 由 Airpak 计算,p_{intake} 为环境压力。环境压力值在"基本参数"面板的"环境值"下设定。对于排气扇,$p_{discharge}$ 为环境压力,而 p_{intake} 是由 Airpak 计算的。默认的环境压力为 0(表压),几乎在所有情况下都适用。

Airpak 计算风机流量的精度与计算风机静压直接相关,这又取决于对整个系统压力损失进行模拟的准确度。因此,应注意对系统的所有特征进行建模,这些特征有助于系统中压力的整体分配。此外,也可以创建特性曲线风机的风机工作点(压力上升和体积流量)报告。

由于通过风机的流量是以压差为基础进行计算的,所以在 Airpak 中同样可以计算并联和串联风机的效果。

3.6.6 在 Airpak 中创建风机模型

在 Airpak 模型中添加风机的步骤如下：

(1)先使用对象创建工具栏创建一个风机,或者复制一个现有风机。

(2)如果需要,可以改变风机的名称、图形显示样式等。

(3)在几何(Geometry)选项卡中,定义几何形状、大小和位置。风机有 5 种不同类型的几何图形。如果形状选择的是多边形,当设定的高度非 0 时,代表一个三维的风机,如果高度为 0,则代表二维风机。

(4)在参数(Properties)选项卡中,选择风机的类型是固定流量(Fixed flow)还是特性曲线(Characteristic curve),当设定风机是特性曲线时,可以定义风机在房间内部。

风机位置分为 3 种,位于进风口(Intake)处、出风口(Exhaust)处及位于房间内部(Internal)。

对于出风口处,可以是二维风机,也可以是三维风机,空气通过风机排出室内,不需要设定排风机的方向。

进风口处风机需要设定送风温度,如果是二维风机,还需要定义流动方向,流动方向可以是风机的法向方向(Normal),也可以是给定的(Given)矢量方向(X,Y,Z),Airpak 只使用矢量的方向,忽略大小。或者可以通过角度(Angles)来给定流动方向,通过设定 $A(\alpha)$ 和 $T(\theta)$ 两个角度,如图 3 – 28 所示,A 和 T 都是流动方向与风机平面法向的角度。

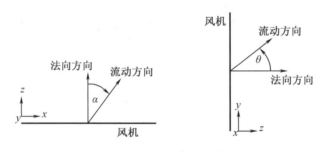

图 3 – 28　风机角度的定义

内部风机仅限于二维特性曲线风机,Facing 方向为空气前进方向,可以选择指向坐标轴正向(Positive)或坐标轴负向(Negative)。

(5)定义风机的流量。对于固定流量或特性曲线的风机,定义风机流量的方式有所不同。

对于固定流量的风机,可以设定体积(Volume)流量或质量(Mass)流量。

对于特性曲线风机,可以选择线性(Linear)或者曲线(Curve)。线性是将风机的特性曲线看作一条斜线,此时需要设定风机静压为 0 时的风机流量和流量为 0 时的静压。曲线可以通过文本编辑器(Text editor)或图形编辑器(Graph editor)设定一系列点,在这些点之间通过分段线性来连接。使用文本编辑器编辑曲线时,每一行设定一个点,分别输入 x 和 y,x 和 y 可以用空格分开,或者可以使用 Tab 键分开,如图 3 – 29 所示。用文本编辑器编辑后可以在图形编辑器中查看,图形编辑器定义曲线如图 3 – 30 所示。当然,也可以保存或导入已有的曲线。当未设定风机的特性曲线时,编辑(Edit)按钮右侧框为空,在已定义特性曲线后,编辑(Edit)按钮右侧框将会显示第一个体积流量值。

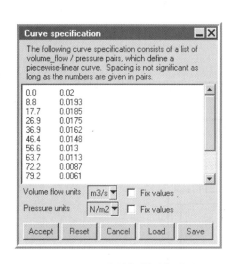

图 3-29　文本编辑器编辑曲线　　　　图 3-30　图形编辑器定义曲线

(6) 定义风机的旋流参数,可以选择以大小(Magnitude)和转速(RPM)两种方式。

(7) 如果是多组分空气流动,可以选择组分(Species)并点击编辑(Edit)按钮,打开组分浓度面板。

(8) 当选择两方程(Two equation)湍流模型或者 RNG $k-\varepsilon$ 湍流模型时,同样可以定义风机处的一些湍流参数。有两种方式设定湍流参数,设定湍流强度(Turbulent intensity)和湍流长度尺度(Turbulent length scale),或者设定湍流动能(Turbulent energy)和湍流耗散率(Turbulent dissipation)。

3.7　人体模型

人体模型是三维建模对象。您可以通过设定人的相对比例或设定身体各个部位的大小来设定 Airpak 中人的形状和大小,您可以选择该人是坐着还是站着。人体可以与模型中的其他对象交换辐射。

在模型中创建人,必须设定其位置和尺寸,以及该人是站着还是坐着,还必须设定人员的热状况。

3.7.1　人员位置和尺寸

Airpak 允许您设定人体在模型中的位置。该位置包括以下四个参数:

- 人的姿势(即该人站立或坐下)
- 房间中人体的位置
- 人体所面对的方向
- 人的"向上"方向,即头的朝向

可以为人体模型设定的参数包括:人的身高、身体的宽度和厚度,如图3-31所示。坐立时的总身高包括膝部的长度。还可以设定头部、躯干占人体总身高的比例,如果坐着的话,还可以设定大腿占人体总身高的比例。

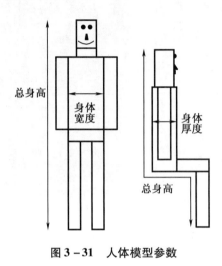

图3-31 人体模型参数

3.7.2 热选项

可以使用以下三个选项之一来设定人的热边界条件:

Heat/area 设置人单位面积的散热量。这是人体模型默认的热边界条件,默认值为1 met(1个代谢速率单位, = 58.2 W/m^2)。

Total heat 设定人体向外散发的总热量。

Temperature 设置人体的表面温度。

3.8 源模型

源(Sources)表示模型中产生热流密度的区域。源的几何样式包括长方体、圆柱体、椭圆体、椭圆圆柱体、矩形、圆形、二维多边形和倾斜的平面。源可用于设定温度变量的场。对于瞬态问题,还可以定义源有效的时间段。二维源可以与模型中的其他对象交换辐射。

要在模型中配置源,必须设定其几何形状(包括位置和尺寸)和温度选项。对于瞬态仿真,还必须设定与源系数有关的参数。

3.8.1 源项的几何尺寸及位置

源位置和尺寸参数根据源几何形状而变化。源的几何形状包括矩形、圆形、2D多边形、倾斜、棱柱形、圆柱体、椭圆体和椭圆圆柱体。

3.8.2 源项的热选项

能量的源项可以使用以下选项之一设定：总热量、单位面积/体积的热量、固定值、值随温度变化或随时间变化。变量 s 表示输入值。

总热量(Total heat)将整个平面或通过体积的总输出功率设置为 s 值。然后，Airpak 通过除以平面面积或 3D 区域的体积来计算源单位面积(或体积)值。

每单位面积/体积(Per unit area/volume)设置源(正)或汇(负)单位面积或单位体积的热量为 s 值。

定值(Fixed value)将平面上的流体温度设置为 s 值。

温度相关(Temperature dependent)，将源(正)或汇(负)单位面积或单位体积的热量设置为该值。

$$s + CT \qquad (3-13)$$

其中 T 为 Airpak 中计算的温度，C 和 s 是用户设定的值。对于这种设置，系数 C 必须为负，否则将会导致温度值失控。

3.8.3 源项的用法

有关源项用法的一般性要点如下：

放置在流动区域内的体积源可以被视为"透明"对象。即流体流过它时，它的唯一作用是在要求解的控制方程中添加一个适当的源项。

如果 2D 源悬浮在流体中，则它具有流体的特性，但不允许任何流体通过它，此时它就像不能通过的墙。

通常，应将二维的源放置在另一个对象的表面上，例如墙、块或隔断。

3.8.4 在 Airpak 中创建源项

在 Airpak 模型中添加源项的步骤如下：
(1)先使用对象创建工具栏创建一个源项，或者复制一个现有源项。
(2)如果需要，可以改变源项的名称、图形显示样式等。
(3)在几何(Geometry)选项卡中，定义几何形状、大小和位置。
(4)在参数(Properties)选项卡中，定义源项的热源参数。
(5)定义源项的组分。如果是二维几何模型，可以设定源项所处位置的浓度值。如果是三维几何模型，可以设定某一组分的散发量。

3.8.5 源项的热参数输入

以下选项可用于在"源"面板中设定热源参数。

总热量(Total heat)：允许您输入 2D 源平面上或 3D 源体积内的总热量输出值。

每单位(Per unit)：允许您设定：
- 3D 源的单位体积的热流量，方法是在体积旁边输入单位体积的热流量值。

● 通过输入面积旁边的单位面积的热流量值,来输入二维源的单位面积的热流量。

固定值(Fixed value):可以设定源的温度。环境温度的值在"基本参数(Basic parameters)"面板的"环境值(Ambient value)"下定义。此选项仅适用于2D源。

瞬态(Transient):允许您将功率设定为时间的函数。如果在"基本参数(Basic parameters)"面板的"时间变化(Time variation)"下选择了"瞬态(Transient)",则此选项可用。要编辑源的瞬态参数,请单击"瞬态"旁边的"编辑"。

不依赖于温度(Not temperature dependent):设定热量输入与温度无关。

与温度有关(Temperature dependent):您可以根据温度设定热量。如果选择了"瞬态"选项,则此选项不可用。有两个选项可以设定功率的温度依赖性:线性和分段线性。在"源"面板中的"热源参数(Heat source parameters)"下选择"取决于温度(Temperature dependent)"。单击"温度相关"旁边的"编辑"以打开"温度相关"电源面板(图3-32)。

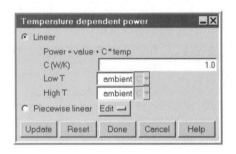

图3-32 温度相关能量面板

选择线性(Linear)选项或分段线性选项(Piecewise linear)。如果选择线性选项,请为常数C设定一个值。面板中显示方程中的值是"总功率(Total power)"或"源(Sources)"面板中设定的"每单位面积/体积的功率"。通过输入低T和高T的值(以开尔文为单位),定义功能有效的温度范围。温度是在"基本参数"面板的"环境值"下定义的。如果温度超过设定的High T值,则通过将High T的值代入与温度相关的电源面板顶部的方程来提供功率。如果温度降至低于Low T的设定值,则通过将Low T的值代入与温度相关的电源面板顶部的方程来提供功率。

如果选择分段线性(Piecewise linear)选项,请单击"编辑(Edit)"以打开"曲线规格(Curve specification)"面板。要定义功率的温度依赖性,请在曲线规格面板中设定温度列表和相应的功率值。成对给出数字很重要,但是数字之间的间距并不重要。完成定义曲线后,单击"接受(Accept)"。这将存储数值并关闭"曲线规格"面板。Airpak将对您在"曲线规格"面板中提供的数据进行插值,以创建整个温度范围的曲线(图3-33)。如果温度超过曲线中设定的最高温度,则功率由最高温度下的设定功率给出。同样,如果温度下降到曲线中设定的最低温度以下,则功率由最低温度下的设定功率给出。请注意,分段线性选项仅适用于2D源,输入的值是实际总功率,而不是每单位面积的功率。

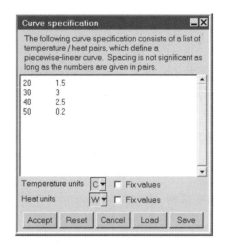

图 3-33 "曲线定义"面板

3.9 其他模型

3.9.1 阻抗模型

1. 阻抗计算

阻抗(Resistances)表示房间内流动的部分障碍。阻抗几何形状包括长方体、圆柱体和 3D 多边形。矩形、圆形、斜面和 2D 多边形,旨在模拟平面流动障碍物,例如筛网、通风孔和可渗透挡板。阻抗的作用效果体现在通过其面积或体积的压降。或者,可以使用接近速度方法(Approach - velocity method)或设备速度方法(Device - velocity method)来计算阻抗两端的压降,这两种方法都需要用户设定的速度损失系数。接近速度方法和设备速度方法不同点在于开孔率,计算得出的压降可以与流体速度本身成正比,也可以与速度的平方成正比。通常将线性关系用于层流,将二次关系用于湍流。在一般情况下,线性和二次关系的组合可以更准确地对压降/体积流量曲线建模。Airpak 还提供了指数律方法(Power - law method),用于计算通过 3D 阻抗产生的压降。

如果阻抗位于倾斜的、有厚度的导热隔断上,则不能生成六面体网格。另一方面,四面体网格对所有类型的阻抗都适用。

要在模型中配置 3D 阻抗,必须设定其几何形状(包括位置和尺寸),压降模型及阻力和速度之间的关系,还必须设定用于阻抗的流体材料及阻抗消耗的总功率。

3D 阻抗位置和尺寸参数根据阻抗几何形状而变化。阻抗几何体包括棱柱体、圆柱体和三维多边形。

对于一个三维的阻抗,Airpak 提供一种指数幂的方法来计算通过阻抗的压降

$$\Delta p = Cv^n \tag{3-14}$$

式中　Δp——通过 3D 阻抗的压降；
　　　v——速度；
　　　C 和 n——常数。

或者，Airpak 也可以用接近速度法或装置速度法计算阻力。由于流体流动所产生的体积阻力在三个坐标方向上可能各不相同，因此必须提供三维阻力的损失系数和计算每个方向压降的方法。

采用接近速度法时，压降的计算公式为：

$$\Delta p = \rho \frac{l_{c1}}{2} v_{\text{app}}^n \tag{3-15}$$

式中　l_{c1}——用户自定义的损失系数，需要在三维的每个方向上都设定；
　　　ρ——流体密度；
　　　v_{app}——临近速度。

采用装置速度法时，压降的计算公式为：

$$\Delta p = \rho \frac{l_{c2}}{2} v_{\text{dev}}^n \tag{3-16}$$

式中，v_{dev} 为装置速度，速度可能是线性的、二次的，或线性和二次的组合。

接近速度法和设备速度法之间的区别在于用于计算压降的速度不同。装置速度与临近速度的关系为

$$v_{\text{dev}} = \frac{v_{\text{app}}}{A} \tag{3-17}$$

式中，A 为开孔率。

设备速度方程中使用的损失系数和接近速度方程中使用的损失系数不同，损失系数与问题的流态有关。

对于层流，应该选择线性速度关系

$$\Delta p = \frac{\rho}{2} l_{c1} v \tag{3-18}$$

对于湍流，应该选择二次速度关系

$$\Delta p = \frac{\rho}{2} l_{c2} v^2 \tag{3-19}$$

对于层流和湍流都存在的流动，应该选择线性 + 二次的速度关系。

$$\Delta p = \Delta p_{\text{linear}} + \Delta p_{\text{quadratic}} \tag{3-20}$$

损失系数可以通过试验、理论计算和查阅参考文献等获得。

2. 在 Airpak 中添加阻抗

在 Airpak 模式中添加阻抗的步骤如下：

(1)使用对象工具栏创造一个新的阻抗对象，或复制一个已有的阻抗对象。

(2)调整新创建对象的名称、图形显示样式等。

(3)在几何选项卡中，调整几何形状、位置和尺寸。

(4)在参数选项卡中，设定空气流动时的参数。

(a)在下拉列表中选择损失定义方式，提供选项如下：

- 选择损失系数,需要选择用于计算速度损耗系数的方法。通常有三种方法,设备速度方法、接近速度方法和幂方法。
  - 使用设备速度方法,需要选择用于计算阻力速度相关性的方法。

共有三个选项:线性、二次和线性加二次。然后设定三个坐标方向的线性和/或二次损耗系数和自由面积比。

  - 使用接近速度方法,仍须选择用于计算阻力速度相关性的方法。

并且设定三个坐标方向的线性和/或二次损失系数。

  - 使用幂律方法计算压降时,须设定方程中系数 C 和指数 n 。
- 选择损失曲线,可以定义压降和速度的函数关系,可以在图形显示和控制窗口上定位一系列点描述阻力曲线图形,或使用"曲线规格"面板设定速度/压力坐标对列表来描述阻力曲线。然后分别设定 X、Y、Z 各个方向上的函数关系。也可以通过加载按钮加载先前定义的曲线。

(b)设定阻抗的流体材料。选择默认或在流体材料下拉列表中选择一种材料。

(c)如果开启了湍流模型,可以开启层流选项,设定将阻抗的内部建模为层流流动。

(d)设定阻抗耗散的能量。有两个选项可以设定总功率:

恒定值:可以为总功率设定一个恒定值。

瞬态:可以设定总功率随时间的变化。如果在"基本参数"面板的"时间变化"下选择了"瞬态",则此选项可用。在"总功率"下选择"瞬态",然后输入总功率值。要编辑电阻的瞬态参数,请单击"瞬态"旁边的"编辑"。

3.9.2 换热器模型

1. Airpak 中平面换热器的建模

换热器是表示与周围空气进行热交换的二维建模对象。对于 Airpak 中的平面换热器,热交换元件采用集总参数模型来建模。换热器可以设定压降和传热系数,它们是垂直于换热器的速度的函数。

换热器的位置和尺寸参数根据几何形状而变化。换热器的几何形状包括矩形、倾斜、圆形和 2D 多边形。

在 Airpak 的换热器模型中,换热器被认为是无限薄的,并且通过换热器的压降被假定为与流体的动态压头成比例,并根据经验确定损耗系数。也就是说,压降 Δp 随通过散热器的速度的法向分量 v 变化,如下所示:

$$\Delta p = k_L \frac{1}{2}\rho v^2 \qquad (3-21)$$

其中 ρ 是流体密度,k_L 是无量纲损耗系数,可以将其设定为常数或多项式函数。

k_L 可以表示为以下形式:

$$k_L = \sum_{n=1}^{N} r_n v^{n-1} \qquad (3-22)$$

式中 r_n ——多项式系数;

v ——垂直于阻力的局部流体速度的大小,m/s。

从换热器到周围流体的热流量为:

$$q = h(T_{air,d} - T_{ext}) \qquad (3-23)$$

式中　q——热流量;

　　　$T_{air,d}$——换热器下游的温度;

　　　T_{ext}——液体的参考温度。

对流传热系数 h 可以设定为常数或多项式函数。

h 可以表示为以下形式:

$$h = \sum_{n=0}^{N} h_n v^n ; 0 \leq N \leq 7 \qquad (3-24)$$

式中　h_n——多项式系数;

　　　v——垂直于阻力的局部流体速度的大小,m/s。

可以设定实际热流量(q)或传热系数和换热器温度(h,$T_{air,d}$)。q[输入值或使用公式(3-23)计算的值]是在换热器表面积上进行积分得出的。

要对换热器的热过程进行建模,必须提供传热系数 h 的表达式,它是流体速度的函数,要得到 h 的表达式,须考虑热量平衡方程:

$$q = \frac{\dot{m} c_p \Delta T}{A} = h(T_{air,d} - T_{ext}) \qquad (3-25)$$

式中　q——热流密度,W/m^2;

　　　$\dot{m}$——流体的质量流量,kg/s;

　　　c_p——流体的比热容,kJ/(kg·℃);

　　　h——经验换热系数,W/(m^2·℃);

　　　T_{ext}——外部温度,℃;

　　　$T_{air,d}$——换热器下游的温度,℃;

　　　A——换热器的迎风面积,m^2。

方程(3-25)可以写为:

$$q = \frac{\dot{m} c_p (T_{air,u} - T_{air,d})}{A} = h(T_{air,d} - T_{ext}) \qquad (3-26)$$

式中,$T_{air,u}$ 为上游空气温度,换热系数可以由下式计算:

$$h = \frac{\dot{m} c_p (T_{air,u} - T_{air,d})}{A(T_{air,d} - T_{ext})} \qquad (3-27)$$

或者,h 也可以写为关于流体速度的形式:

$$h = \frac{\rho v c_p (T_{air,u} - T_{air,d})}{T_{air,d} - T_{ext}} \qquad (3-28)$$

2. 在 Airpak 中添加换热器

在 Airpak 中添加换热器的步骤如下:

(1)使用对象工具栏创造一个新的换热器对象,或复制一个已有的换热器对象。

(2)调整新创建对象的名称、图形显示样式等。

(3)在几何选项卡中,调整几何形状、位置和尺寸。

(4)在参数选项卡中,设定换热器的损失系数。损失系数分为常数和多项式,要设定多项式损失系数,须在多项式文本输入框中输入多项式方程的系数,中间以空格分开。例如,需要设定的多项式为

$$a + bv + cv^2 + dv^3$$

可以在文本框中输入

$$a\ b\ c\ d$$

(5)定义换热器的换热参数,有两种方式:定义和周围流体的换热量和定义传热系数,传热系数可以为常数,也可以设定为速度的多项式函数,如步骤(4)中损失系数的定义。

3.9.3 排烟罩模型

排烟罩是三维建模对象,由颈部、顶篷、法兰和排烟口组成。排烟罩的样式如图3-34所示。

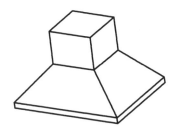

图3-34 排烟罩样式

排烟罩可以具有一个或两个排烟口;Airpak默认情况下会创建两个排烟口。您可以选择罩上的法兰是垂直的(图3-35)还是水平的(图3-36),也可以设定不带法兰的罩。如果排烟罩具有法兰,则可以设定法兰的高度,也可以设定其各个零件的尺寸。

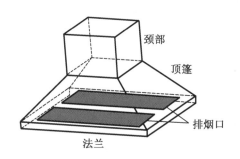

图3-35 带垂直法兰的排烟罩

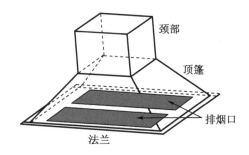

图3-36 带水平法兰的排烟罩

在Airpak中,可根据总质量流量或总体积流量设定排烟罩的流量。如果排烟罩上有两个大小相等的排烟口,Airpak将在两个排烟口之间平均分配总质量(或体积)流量。如果排烟罩上有两个大小不等的排烟口,Airpak将根据两个排烟口面积占比分配总质量(或体积)流量,即:

$$\dot{m}_1 = \frac{A_1}{A_1 + A_2} \times \dot{m} \tag{3-29}$$

$$\dot{m}_2 = \frac{A_2}{A_1 + A_2} \times \dot{m} \tag{3-30}$$

式中　$\dot{m}_1$——排烟口1的质量(或体积)流量;

　　　$\dot{m}_2$——排烟口2的质量(或体积)流量;

　　　A_1——排烟口1的面积;

　　　A_2——排烟口2的面积;

　　　$\dot{m}$——总质量(或体积)流量。

在 Airpak 中添加排烟罩的步骤如下:

(1)使用对象工具栏创建一个排烟罩对象,或复制一个已有的排烟罩对象。

(2)调整排烟罩的名称、图形显示样式等。

(3)设定排烟罩的位置和尺寸大小,可以通过两种方式在属性选项卡中设定大小和位置。

方法一是设定排烟罩一个或多个部件的位置和尺寸,让 Airpak 调整排烟罩其他部件的相对位置和尺寸,步骤如下:

(a)在属性选项卡中选择固定形状;

(b)设定排烟罩颈部的起点坐标和终点坐标;

(c)设定排烟罩顶棚的起点坐标和终点坐标;

(d)设定法兰类型,有三个可选类型:垂直、水平或无。如果选择水平或垂直,还必须设定法兰的高度;

(e)设定排烟口1和排烟口2的开始坐标和终点坐标,如果选择取消某一个排烟口,则排烟罩中排烟口数量将只有1个。

另一种方法是设定排烟罩各个部件的位置和尺寸,其他部分无须自动调整,步骤如下:

(a)在参数选项卡中取消选择"固定形状",然后打开罩形状数据面板单击编辑细节按钮;

(b)要设定排烟罩的颈部,请单击颈部选项卡,选择开始/结束,然后输入开始坐标和结束坐标。或者也可以选择起点/长度,然后输入颈部的起点坐标和边长值;

(c)要设定排烟罩的罩盖,请单击罩盖选项卡,默认罩盖为非均匀多边形。设定罩底座所在的平面(Y-Z,X-Z 或 X-Y)、高度及其顶点的坐标(低1,低2,低3,低4,高1,高2,高3,高4)。可以使用 Add,如果在"平面"下选择"无",则多边形块的高度将为0,并且将采用多边形底面的形状。

(d)如果您需要一个具有均匀多边形形状的罩盖,请取消选中"非均匀性",然后设定罩底座所在的平面(Y-Z,X-Z 或 X-Y)、高度和在基准面上顶点的坐标(顶点1,顶点2,顶点3,顶点4)。

(e)对于要在罩盖中设定的每个法兰,单击相应的法兰选项卡(例如,法兰1)。

(f)在"平面"下拉列表中选择法兰一部分所在的平面(Y-Z,X-Z 或 X-Y)(图3-37)。选择开始/结束并输入法兰零件的开始坐标(xS,yS,zS)和结束坐标(xE,yE,zE)的值,或选择开始/长度并输入开始坐标(xS,yS,zS)和法兰部分侧面的长度(xL,yL 和 zL)。

(g)对于包含在抽油烟机中的每个排烟管,请使用水平滚动条,然后单击相应的"排烟"选项卡(例如,排烟1)。在"平面"下拉列表中设定排烟所在的平面(Y-Z,X-Z 或 X-Y)(图3-38)。

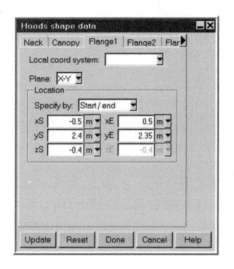

图3-37 "排烟罩形状数据"面板("法兰"选项卡)

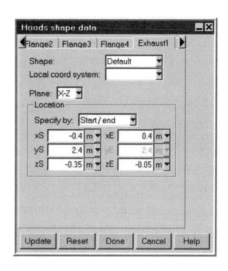

图3-38 "排烟罩形状数据"面板("排烟"选项卡)

(h)选择开始/结束并输入排烟的开始坐标(xS,yS,zS)和结束坐标(xE,yE,zE)的值,或者选择开始/长度并输入开始坐标的值(xS,yS,zS)和排烟管的边长(xL,yL 和 zL)。

(i)单击完成将更改保存到排烟罩,然后关闭排烟罩形状数据面板。

(4)在"排风罩"面板中设定流速。您可以设定体积流量或质量流量。

第4章 模拟计算与结果导出

4.1 辐射计算

4.1.1 概述

Airpak 可以计算由于辐射导致的表面加热或冷却。在 Airpak 中,提供了两种模型来对辐射进行建模:面对面(surface-to-surface,S2S)辐射模型和离散坐标(DO)辐射模型。另外,Airpak 还可根据太阳辐射形成的负荷来计算辐射传热。在求解来自房间内部源的辐射时,默认情况下使用面对面辐射模型。同样,DO 模型也用于房间内部辐射。太阳负荷辐射载荷模型用于模拟太阳光通过不同介质进入房间的辐射效果。

适合采用辐射传热进行仿真的典型应用包括:
- 表面到表面的辐射加热或冷却
- 辐射、对流和(或)传导的耦合传热

当辐射热流密度 $[Q_{rad} = \sigma(T_{max}^4 - T_{min}^4)]$ 相对于对流或导热引起的热流密度较大时,应该在仿真中包括辐射传热的计算。通常,这发生在高温下,其中辐射热流密度与温度的四次方成正比意味着辐射将占主导地位。此外,在电子设备冷却中,辐射通常比强迫对流更需要考虑。

如果计算包含了模型外墙的辐射传热,则可以设置墙的外部辐射边界条件。

对于具有对称边界的问题,应使用离散坐标模型来克服角系数计算方法的局限性。当 Airpak 模型中包含大量曲面,使得角系数的计算量较大时,同样可以使用离散坐标模型。与使用面对面模型进行计算相比,离散坐标模型通常需要花费更多的计算时间。

4.1.2 S2S 辐射模型

Airpak 中的面对面辐射模型提供了一种"经济"的方法来求解大多数情况下的辐射影响。面对面模型需要先计算模型中各个对象表面之间的角系数。Airpak 中的角系数计算方法不会专门考虑对称边界。

当使用 S2S 辐射模型时,Airpak 可以指定任何对象与模型中的其他对象或具有指定远程温度的对象交换辐射能。辐射换热量定义为:

$$q = \sigma e F(T_{surface}^4 - T_{remote}^4) \tag{4-1}$$

式中 $T_{surface}$——物体表面的温度;

T_{remote}——与物体表面发生辐射换热的表面的温度;

σ——斯蒂芬-玻尔兹曼(Stefan-Boltzmann)常数;

F——角系数;

e——物体表面的发射率,是表面材料属性的一部分。

如果将某个物体指定为向模型中的其他物体发射或接受辐射热量,则必须指定远处温度和角系数。如果将物体指定为和模型中的其他物体进行辐射换热,则 Airpak 会自动计算角系数,并根据计算出的物体温度来计算辐射换热量。如果辐射物体的角系数之和小于1,Airpak 将定义剩余部分与环境温度进行辐射换热。环境温度在"基本参数(Basic parameters)"面板中的"环境温度(Ambient values)"处指定。

求解涉及 Airpak 中的面对面辐射模型(默认辐射模型)问题的步骤如下:

(1)在"基本参数(Basic parameters)"面板的"常规设置(General setup)"选项卡中打开"辐射(Radiation)"旁边的"开(On)",即启用了辐射计算,如图 4-1 所示。默认情况下已选中"开",但是如果未指定辐射计算中的曲面,它将被忽略并且不会计算辐射。

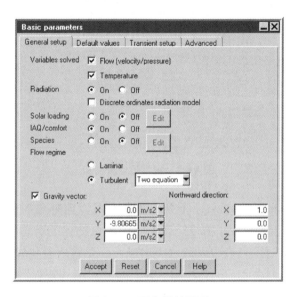

图 4-1 开启辐射模型

(2)在"角系数"面板中指定物体并计算。

(3)定义其余问题。

(4)使用"求解(Solve)"面板开始计算。要打开此面板,请单击"求解(Solve)"菜单中的"开始求解(Start solution)"。

如果在模型的表面上启用了辐射,则可以通过选择"求解"面板中的"禁用辐射计算"选项来关闭辐射计算。

4.1.2.1 使用"角系数"面板设定辐射用户输入

可以使用"角系数(view factor)"面板指定辐射物体的计算。要打开"角系数"面板(图 4-2),请在"模型(Model)"菜单中选择"辐射(Radiation)",或单击工具栏中的 按钮。

1. 辐射计算中的物体设定

计算角系数时,首先指定包含在辐射计算中的物体。所有物体都可以接收辐射能,而不管其自身辐射能量的能力如何。要指定一个物体将从模型中的其他物体接收辐射能,请使用鼠标左键在"使用几何（Use geometry）"列表中单击该物体的名称。指定为参与角系数计算（即接收辐射能）的任何物体将在"使用几何"列表中以蓝色突出显示。要将所有物体包括在辐射计算的"使用几何"列表中，可以单击列表底部的"全部（All）"。要在"使用几何"列表中取消选择物体，使用鼠标左键在"使用几何"列表中单击物体的名称。要取消选择"使用几何图形"列表中的所有物体，单击列表底部的"无（None）"。

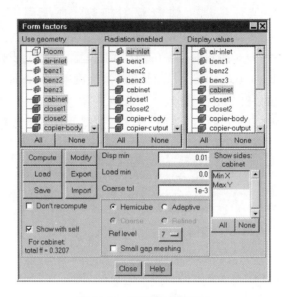

图 4-2　角系数计算窗口

在"启用辐射（Radiation enabled）"下列出了所有可以向外辐射的物体。要指定一个物体会辐射，请使用鼠标左键在"启用辐射"列表中单击该物体的名称。已指定要辐射到其他表面的物体将在"启用辐射"列表中以蓝色突出显示。要将所有物体包含在辐射计算的"启用辐射"列表中，请单击列表底部的"全部（All）"。要在"启用辐射"列表中取消选择物体，请使用鼠标左键单击"启用辐射"列表中的物体名称。要取消选择"启用辐射"列表中的所有物体，请单击列表底部的"无（None）"。

2. 计算角系数

选择要加入辐射模型的物体后，单击"计算（Compute）"以计算角系数。角系数的计算可能需要几秒钟到几分钟，这取决于模型的大小。

为了计算角系数，Airpak 首先创建一个粗糙的网格。然后，它舍掉了体网格并使表面网格更粗糙。Coarse tol 选项允许您指定粗化时要使用的角度公差，即它指定表面网格的相邻小平面之间不会发生粗化的最小角度。较小的值可以提高精度，但是 Airpak 将花费更多时间来计算网格，通常值为 1（度）就足够了。要完全禁用粗化，请输入值 -1。

在 Airpak 中，有两种方法可以用来计算角系数：半立方体（Hemicube）方法和自适应（Adaptive）方法。

使用 Hemicube 方法计算角系数时，可以选择用于计算角系数的细化级别。在"角系数（Form factors）"面板中单击"参考级别（Ref level）"右边的数字，然后从下拉列表中选择一个数。Airpak 有七个细化级别，级别越高，精度越高，但是 Airpak 将花费更多时间来计算网格。

建议对大型复杂模型使用 Hemicube 方法,因为对于这些类型的模型,它比自适应方法要快。

"角系数(Form factors)"面板中的"自适应(Adaptive)"方法有两个选项:"粗糙(Coarse)"和"精细(Refined)"。如果选择"粗糙"选项,则将从每个表面获取 16 个可见性样本。如果选择"精细"选项,则将从每个曲面获取 64 个可见性样本。如果选择"粗糙"选项,则角系数的计算将明显更快,但是"精细"选项可提供更高的精度。建议对简单模型使用自适应方法,因为对于这些类型的模型,自适应方法比 Hemicube 方法要快。

如果您对模型进行了更改,并且不想在计算解决方案时重新计算角系数,请在"角系数(Form factors)"面板中选择"不重新计算(Don't recompute)"。

要查看物体之间计算后的角系数,可在"显示值(Display values)"列表中单击物体的名称。所选物体的名称将显示在"展示面(Show sides)"下,而参与辐射计算的物体的面将列在"展示面"列表中。Airpak 在图形窗口中显示箭头,指示选定物体将辐射到哪些物体,辐射到的边的名称以及角系数的值。图 4 - 3 展示了一个隔断与两个 Block 表面之间的角系数。

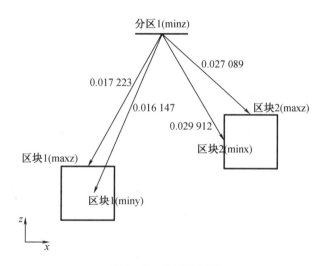

图 4 - 3　角系数展示

要在"显示值(Disply values)"列表中显示所有物体的角系数,请单击"显示值"列表底部的"全部(All)"。要从图形窗口中删除所有角系数,请在"显示值"列表底部单击"无(None)"。建议在"显示值"列表中一次只选择一个或两个物体。否则,图形窗口中角系数的显示将变得混乱。还可以通过首先在"显示值"列表中选择物体,然后在"展示面"列表中选择物体的侧面,来仅显示物体一侧的角系数。要在"展示面"列表中显示所有面的角系数,请单击"展示面"列表底部的"全部"。要从图形窗口中删除这些角系数,请单击"展示面"列表底部的"无"。

控制在图形窗口中显示的角系数数量的另一种方法是为 Disp min 或 Load min 指定一个值。小于 Load min 指定值的角系数将不会加载到 Airpak 模型中,因此无法在计算中查看或使用。小于指定 Disp min 值的角系数将不会显示在图形窗口中,但会被加载到模型中并在计算中使用。

计算的角系数可以保存到文件中,以后如果需要的话,可以再重新加载角系数的计算结果。角系数也可以导出到 ASCII 文件,可以使用文本编辑器编辑该文件并向其中添加角系数,同样可以导入 ASCII 文件的角系数计算值。还可以通过修改(Modify)按钮定义新的角系数,然后单击"修改"。修改后的角系数在图形窗口中显示为粉红色;计算的角系数显示为蓝色。单击重置可将修改后的值重置为计算值。

4.1.3　DO 辐射模型

使用 DO 辐射模型的一般步骤如下:

(1)在"基本参数(Basic parameter)"面板的"常规设置(General setup)"选项卡中启用辐射计算。打开"辐射(Radiation)"后,选择"离散坐标辐射模型(Discrete ordinates radiation model)",以启用辐射计算,如图 4-4 所示。

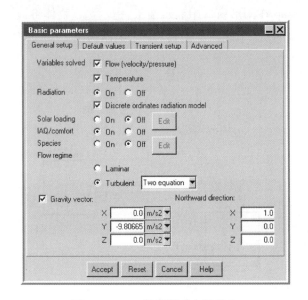

图 4-4　DO 辐射模型启用显示

(2)指定模型中每个物体的表面材料。表面材料定义了物体表面的粗糙度和发射率。默认情况下,块、2D 源、隔断和墙都使用默认材质。这意味着在物体表面上指定的材料是在"基本参数"面板"默认值"选项卡中的"默认表面"下定义的。物体的表面材料可以在物体的属性中修改。

(3)定义其余的问题。

(4)在求解(Solve)菜单栏下选择开始求解(Start solution),将启用"求解(Solve)"面板开始计算。单击接受(accept)开始计算。如果在模型中启用了辐射,则可以通过选择"求解(Solve)"面板中的"禁用辐射计算(Disable radiation calculations)"选项来关闭辐射计算。

为了减少对可用计算资源的影响,Airpak 将每五次迭代一次离散坐标模型的输运方程。Airpak 将在监测(Monitor)图形显示和控制窗口中显示离散坐标方程的收敛历史。

4.1.4 太阳辐射

Airpak 的太阳载荷辐射模型可以考虑太阳光照射带来热辐射的影响。给定模型的几何形状和相关的太阳信息（例如地面位置、日期和时间），模型在所有边界表面计算太阳辐射。该方法包括太阳辐射的可见光和红外两部分能量。

使用太阳载荷辐射模型的步骤如下：

（1）在基本参数面板的常规设置选项卡中启用辐射计算。

（2）在"基本参数（Basic parameters）"面板中，打开"太阳载荷（Solar load）"选项，然后单击"编辑（Edit）"以打开"太阳载荷模型参数（Solar Load Model parameters）"面板，如图 4-5 所示。

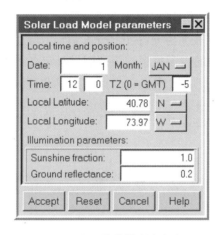

图 4-5　太阳载荷模型参数窗口

在"太阳载荷模型参数"面板中，在"本地时间和位置（Local time and position）"下指定以下参数：

（a）为"日期（Data）"指定一个值，然后从"月份（Month）"菜单中选择月份。

（b）在"时间（Time）"右边的两个字段中，指定当地时间。时间基于 24 小时制，因此可接受的值范围是 0 小时 0 分钟至 23 小时 59.99 分钟。在第一个文本输入字段（小时）中输入的值必须是整数，在第二个文本输入字段（分钟）中输入的值可以是整数或小数。例如，如果当地时间是凌晨 00:01:30，则输入 0 表示小时，输入 1.5 表示分钟。如果当地时间是下午 4:17，则您将输入 16（小时）和 17（分钟）。

（c）（可选）在"时间"输入字段右侧，指定计算位置的时区。按格林尼治标准时间（Greenwich Mean Time, GMT）来计算，中国处于东五区到东九区，北京位于东八区。如果不确定坐标，则时区用于估计位置的经度。

（d）指定计算位置的当地纬度（Local Latitude）。值的范围可以从 -90°（南极）到 90°（北极），其中 0°被定义为赤道。从"本地经度"输入字段右侧的菜单中选择半球（N 或 S）。

（e）指定计算位置的当地经度（Local Longitude）。如果指定本地时区，则经度是近似值，但是如果知道本地时区，则可以输入更精确的值。在此处输入的值都优先于时区。值的范围可以从 0°到 180°。从"当地经度"输入字段右侧的菜单中选择半球（W 或 E）。

(3)在"照度参数(Illumination)"下,指定以下参数:

(a)指定"阳光分数(Sunshine)",该系数是介于 0 和 1 之间的因子,用于说明可能会减少直接太阳辐射的云的影响。值为 1 时表示晴朗的天空,值为 0 时表示云层完全挡住太阳光。通过将值设置为 0 到 1,可以说明天气情况。默认值为 1.0。

(b)指定地面反射率,该参数用于确定来自地面反射的太阳辐射。从地面反射的太阳辐射与反射角度、一年中的时间和地面反射率有关,它被视为太阳辐射漫反射的一部分。地面反射率值会根据地面(即混凝土、草、岩石、砾石、沥青)的不同而变化,默认值为 0.2。

(4)在每个"物体(Object)"面板中指定房间所有物体的日光分类。对于每个物体,在"太阳行为(Solar behavior)"旁边选择以下选项之一:

绝缘体(In)表示在太阳辐射建模中将不考虑此表面。

不透明(Opaque)表示该表面不允许太阳辐射通过。

透明(Transparent)表示该表面将允许一部分太阳辐射穿过。

(5)指定每个物体或表面的表面材料。该表面材料定义了表面的粗糙度、发射率及吸收和透射参数。如果材料是不透明的,则将在光谱的可见和红外部分中指定吸收率。如果材料是透明的,则将指定可见光透射率和阴影系数。

(6)定义需要求解的其他问题。

4.2 组分输运计算

4.2.1 概述

Airpak 在计算中最多可以同时考虑 12 种组分的输运。Airpak 通过求解描述每个组分的对流和扩散守恒方程,对组分的混合和输运进行计算。

下面列出了求解涉及组分运输问题的基本步骤。

(1)启用组分运输,并指定计算中包含的组分。

(2)设置并查看模型中各个组分的属性(例如,黏度、比热)。

(3)设置模型中对象的组分浓度。

在许多情况下,不需要修改单个物种的任何物理特性,因为 Airpak 将使用材料数据库中指定的材料属性。但是,某些属性可能未按特定情况在数据库中定义。可以使用"材料(Materials)"面板查看和(或)编辑物种的属性,或创建一个新材料。

对于模型中的每个组分,需要定义以下物理属性:

- 体积膨胀系数,可以是温度的函数
- 分子量,在气体定律和(或)摩尔分数的输入或输出计算中使用
- 黏度,可以是温度的函数
- 导热系数和比热容(在能量方程求解中涉及),可以是温度或速度的函数
- 密度
- 质量扩散系数,可以是温度的函数

4.2.2 组分输运边界条件

求解 Airpak 中组分输运问题的步骤如下：

(1) 在"基本参数(Basic parameters)"面板中，通过选择"组分(Species)"旁边的"启用(On)"来启用组分输运的计算，如图 4-6 所示。

(2) 要定义在问题中包含的物种，单击"组分(Species)"旁边的"编辑(Edit)"以打开"组分定义(Species definitions)"面板，如图 4-7 所示。

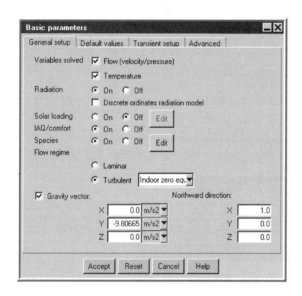

图 4-6　启用组分输运

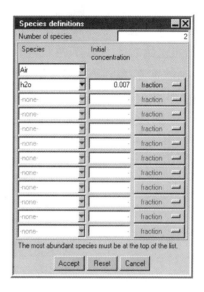

图 4-7　组分定义面板

(a) 输入计算中包括的组分数量(Number of species)，然后按键盘上的 <Enter> 键。输入的组分数量将在面板中启用。

(b) 从"组分(Species)"下的下拉列表中选择要包含在计算中的组分，室内浓度最高的组分必须在"组分"列表的顶部，一般为空气(Air)。

(c) 选择浓度单位，并指定计算中每种组分的初始浓度(Initial concentration)。在稳态计算中，也须指定一个初始值，用于计算的初始化，但稳态计算中初始浓度对计算结果影响不大。在指定组分浓度时，不须指定列表顶部组分的浓度，求解器将在内部将所有输入的浓度转换为质量分数，并通过 1 减去初始质量分数的总和来计算列表顶部组分的浓度。可选的浓度单位如图 4-8 所示。

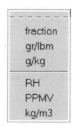

图 4-8　可选浓度单位

提供以下选项：

fraction：组分的质量分数

gr/lbm：湿度比（水分/干燥空气含量），仅适用于水（H_2O）

g/kg：湿度比，仅适用于水（H_2O）

RH：相对湿度，仅适用于水（H_2O）

PPMV：组分按体积计算的百万分之几（摩尔浓度的 10^6 倍）

kg/m^3：组分的密度

（d）单击"组分定义（Species definitions）"面板中的"接受（Accept）"来保存设定的组分。

（3）定义 Airpak 模型中所包含对象的组分浓度。对于二维对象，指定各个组分的浓度值，像指定初始浓度一样，只需指定 N-1 个组分的浓度值。对于三维对象，可以为每个组分定义一个散发量，包括浓度最大的主要组分。

（4）如果模型中包含循环风口，可以在循环风口中定义组分的增加或减少。在"Openings"面板中选择"组分过滤（Species filter）"选项，然后单击"编辑（Edit）"，将打开"组分过滤效率（Species filter efficiency）"面板，如图 4-9 所示。

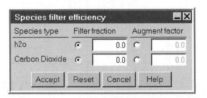

图 4-9 组分过滤效率面板

每一个组分在计算中都包括了两个选项：

过滤系数（Filter fraction）是在再循环回路中从模型移除组分的比值，可用于空气净化器的单次通过效率。增加因子（Augment factor）是再循环回路中组分增加的比值。

（5）定义求解问题的其他部分。

（6）每一个组分在计算中都会有一个方程来求解。因此，如果有必要，可以在"高级求解设置（Advanced solver setup）"面板中设置某个组分的离散格式、松弛因子、求解器类型。要打开"高级求解设置"面板，可在"求解（Solve）"菜单中单击"设置（Setup）"中的"高级（Advanced）"。

（7）使用"求解（Solve）"面板开始计算。

4.2.3 组分输运的后处理

在对组分输运的计算完成后，我们通常关注它的浓度分布。在展示浓度分布时，浓度分为质量浓度和摩尔浓度，后处理单位通常有分数（fraction）和 PPMV。设置后处理单位为 PPMV 时，如果查看的是质量，则单位仍显示为质量分数，而非 PPMV。

4.3 瞬态模拟

Airpak 可以求解与时间有关的质量、动量和能量守恒的方程式。因此，Airpak 可用于模拟各种随时间变化的现象，包括瞬态热传导、对流及瞬态物质的运输。对于瞬态计算，Airpak 使用全隐式的时间积分。

4.3.1 打开瞬态设置

求解瞬态计算，通常包含以下步骤：

(1) 在"基本参数(Basic Parameters)"面板的"瞬态设置(Transient setup)"选项卡中启用"瞬态(Transient)"选项，如图 4-10 所示。

(2) 设置瞬态模拟开始的时间和结束的时间。

(3) 在"瞬态设置"选项卡中点击"编辑参数(Edit parameters)"按钮，打开"瞬态参数(Transient parameters)"面板，如图 4-11 所示，设置时间步长和多长时间步保存一次计算结果。

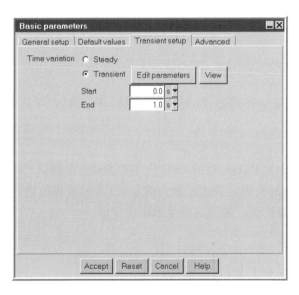
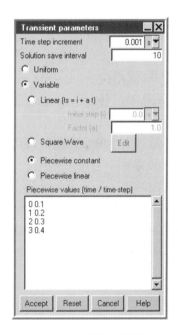

图 4-10　瞬态设置选项卡　　　　图 4-11　瞬态参数面板

(4) 在"基本参数"面板的"默认值"选项卡中指定初始条件。

(5) 定义各个物体中的"瞬态设置"选项，如固体块、空心块、风扇、风口、墙、导热隔断、源项等。

(6) 在"基本设置"面板中的"Iterations/timestep"下设置每个时间步的最大迭代次数，如果在执行此迭代次数之前满足收敛条件，则将会进行下一个时间步长的求解。对于大多数情况,默认值20(次/时间步)可满足使用要求。如果求解时不是在每个时间步长都收敛,可以通过增加迭代次数(时间步长)或减少时间步长来满足要求。

4.3.2 定义时间变化的函数

对于瞬态模拟,可以定义一些物理量随时间的变化,如时间步长、热量等。通常内置的时间函数包括线性、指数函数、幂函数、正弦函数、分段线性、方波函数等。

1. 线性(linear)

$$s_t = s_0 + at \tag{4-2}$$

式中 t——时间;
s_t——变量在时刻 t 的值;
s_0——变量在 $t=0$ 时刻的值;
a——常数。

2. 幂函数

$$s_t = s_0 + at^b \tag{4-3}$$

式中,b 为常数。

3. 指数函数

$$s_t = s_0 + be^{at} \tag{4-4}$$

4. 正弦函数

$$s_t = s_0 + a\sin\left[\frac{2\pi}{T}(t-t_0)\right] \tag{4-5}$$

式中 T——周期;
t_0——相位移。

5. 分段线性

可以通过文本窗口或图形窗口来定义一系列点,点与点之间线性连接,构成了随时间 t 分段线性的变量。

6. 方波函数

方波函数的图像如图4-12所示,相位(Phase)是从 $t=0$ 到方波的第一个峰值之间的时间。开启时间(On time)是方波达到峰值的时间。关闭时间(Off time)是方波峰值之间的时间。关闭值(Off value)是波峰之间的方波的值。峰值是瞬变量的指定值。

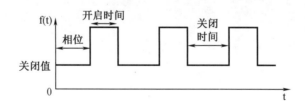

图4-12 方波函数图像

4.3.3 瞬态模拟的后处理

瞬态设置的结果由各个时刻的解组成,根据设置的时间步长和多长时间步保存一次,可以知道在哪些时刻保存有计算结果。通常,可以采用以下 5 种方式查看瞬态计算的结果。

1. 查看特定时刻的结果

可以使用"后处理时间(Post - processing time)"面板检查特定时间步或特定时刻的结果,如图 4 - 13 所示。要打开此面板,请在"后处理(Post)"菜单中选择"瞬态设置(Transient settings)",或单击"后处理(Postprocessing)"工具栏中的 ⏰ 按钮。

查看特定时间步或特定时刻下瞬态仿真结果的步骤如下:

(1)在相关后处理面板中设定需要显示的云图或矢量图。

(2)在瞬态仿真中设定要查看的时刻或时间步长。要设定时刻,请在"后处理时间(Post - processing time)"面板中选择"时间值(Time value)",然后输入时刻。要设定时间步,请在"后处理时间"面板中选择"时间步(Time step)",然后输入时间步。

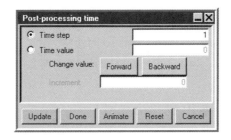

图 4 – 13 "后处理时间"面板

如果设定的是时间步,则 Airpak 将在设定的时间步调用求解结果。如果设定的时刻与存储的时间步不完全对应,则 Airpak 会在相邻时间步的两个计算结果之间进行插值来显示当前时刻的值。

(3)单击"更新(Update)"以在设定的时刻或时间步显示计算结果。

(4)单击单击"前进(Forward)"或"后退(Backward)"以显示从设定的时刻或时间步开始递增的时间值或时间步的求解结果。要显示下一个或上一个时刻的结果,请选择"时间值(Time value)",在"增量(Increment)"字段中输入时间值的增量(Δt),然后单击"向前"或"向后"。要在下一个或上一个时间步显示结果,请选择"时间步",然后单击"向前"或"向后"。

2. 创建一个时均的结果

对于瞬态问题,可以使用"时间平均数据(Time averaged data)"面板创建一个新的对时间平均的计算结果并进行后处理。要打开"时间平均(Time average)"面板,请先在"后处理(Post)"菜单中单击"时间平均(Time average)"或单击"对象创建(Object creation)"工具栏中的 ⏰ 按钮以打开"版本选择(Version selection)"面板,如图 4 - 14 所示。在"版本选择"面板中,从列表中选择求解的 ID,然后单击"确定"。"消息"窗口将报告求解数据已加载,并且"时间平均数据(Time averaged data)"面板将打开,如图 4 - 15 所示。

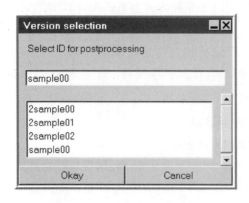

图 4-14 "版本选择"面板

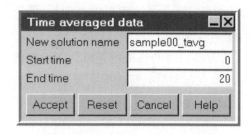

图 4-15 "时间平均"面板

创建时均结果的步骤如下：

(1) 在"时间平均数据(Time averaged data)"面板中，设定平均的开始时间和结束时间，然后单击"接受(Accept)"。消息窗口将报告时均结果已写入。默认情况下，将保存新的时均结果，并在瞬态解 ID 的名称后加后缀_tavg。

(2) 打开新保存的时均结果 ID。

(3) 像稳态问题一样检查时均结果。

3. 创建一个动画

可以使用"后处理时间(Post-processing time)"面板为瞬态仿真创建动画结果。要打开此面板，请在"后处理(Post)"菜单中选择"瞬态设置(Transient settings)"，或单击"后处理(Postprocessing)"工具栏中的 ⊕ 按钮。

要创建动画、显示云图和矢量图如何随时间变化，步骤如下：

(1) 在相关后处理面板中设定要显示的云图和矢量图。

(2) 在"后处理时间(Post-processing time)"面板中选择"时间值(Time value)"。

(3) 单击"动画(Animate)"以打开"瞬态动画(Transient animation)"面板。瞬态动画面板如图 4-16 所示。

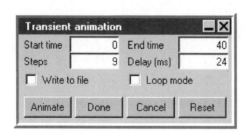

图 4-16 瞬态动画面板

(4) 设定动画的开始时间和结束时间。默认情况下，开始时间为 0，结束时间为求解的最后时刻。

(5) 设定每秒的步数或帧数(frames)。步数(Steps)设定每秒的步数，即 Airpak 在起始帧和结束帧之间应显示的帧数。Airpak 将在您定义的开始帧和结束帧之间平滑插值,从而创建设定数量的帧。其中,步数包括开始帧和结束帧。延迟(Delay)设定动画中每帧之间的时间,以 ms 为单位。

(6)如果要让 Airpak 仅在图形窗口中播放动画,并且希望连续重复播放,可打开"循环模式(Loop mode)"选项。如果要保存动画的 GIF 或 FLI 文件,也可以使用"循环模式"选项。

(7)要将动画保存到文件,可选择"写入文件(Write to file)"选项。当选择"写入文件"选项后,"延迟(Delay)(ms)"字段将变为"帧/秒(Frames/s)"字段。"帧/秒"字段设定每秒显示的动画帧数。

(8)单击"动画(Animate)"以开始动画。要在播放期间停止动画,请单击 Airpak 界面右上角的"中断(Interrupt)"按钮。

4. 生成一个报告

可以使用"定义摘要报告(Define summary report)"面板、"完整报告(Full report)"面板或"定义点报告(Define point report)"面板在瞬态仿真中为设定时间生成报告。

要打开"定义摘要报告(Define summary report)"面板,请在"报告(Report)"菜单中单击"定义摘要报告(Define summary report)"。

要打开"完整报告(Full report)"面板,请在"报告(Report)"菜单中单击"完整报告(Full report)"。

要打开"定义点报告(Define point report)"面板,请在"报告(Report)"菜单中单击"点报告(Point report)"。

瞬态分析中,可以在设定的时间或时间步生成报告,方法是在相关面板的"报告时间(Report time)"下输入"时间(Time)"或"步(Step)"的值。

5. 创建随时间变化的线图

历史图显示了模型中设定点处设定变量随时间的变化。x 轴代表时间,y 轴表示变量。通过在单个图中显示多个点,可以将模型中各个位置设定变量的值随时间的变化进行比较。

可以使用"历史图(History plot)"面板查看变量在模型中选定点处随时间的变化,如图 4-17 所示。要打开此面板,可在"后处理(Post)"菜单中选择"历史图(History plot)"或单击"后处理"工具栏中的 ![HIST] 按钮。

创建历史图的步骤如下:

(1)选择竖轴表示的变量。

(2)通过输入开始时间 tS 和结束时间 tE 的值,设定要查看的瞬态仿真时间段,该时间段将在横轴上绘制。

(3)在"将点添加到绘图中(Add points to plot)"下,设定历史图中要表示点的位置。共有三个选项:

坐标(Coords)可以设定点的坐标。输入 X、Y 和 Z 值,然后单击 Coords 按钮。该点将显示在"列表/删除点(List/remove points)"列表中。

后处理点对象(Post point object)可以从"选择(Selection)"面板中选择现有的点对象,如图 4-18 所示。在"选择"面板中,选择列表中的点,然后单击"确定"。该点将显示在"历史记录(History plot)"绘图面板的"列表/删除点(List/remove points)"列表中。

命名点(Named point)允许您从点下拉列表中选择现有的点或创建新的点。

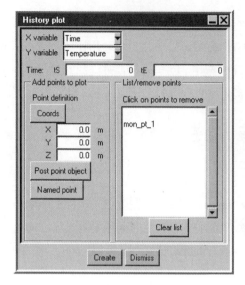

图 4-17　历史图

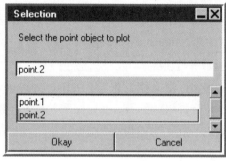

图 4-18　点的选择面板

(4)单击"创建(Create)"以显示所选变量在设定点的 XY 时间历史曲线。

4.4　生成网格

4.4.1　概述

在建立几何模型后,需要对计算域进行离散化,将计算区域离散为若干个网格单元。在每个网格单元中,Airpak 将求解室内流动和传热的控制方程。

一个好的计算网格对计算至关重要。网格质量较差,可能会导致计算结果有较大误差,甚至求解过程发散。网格数量对计算过程也有较大影响。如果整个网格太粗糙,数量较少,则得到的解可能不准确。如果整个网格太细,数量较多,计算成本可能会变得过高,需要的计算时间可能会很长。总之,求解的成本和精度直接取决于网格数量。

Airpak 可以自动执行网格生成过程,但是也允许自定义网格参数,以细分网格,提高网格质量,同样可以使人们在计算资源花费和解的准确性之间获得更好的平衡。可以在全局级别(影响整个计算域)或特定建模对象上应用这些修改的参数。这种灵活性为生成网格带来了便利。

Airpak 在生成网格的过程中,主要采用一种"茧状"方法,通过这种方法,每个对象都被单独地网格化,相当于在所有对象表面进行 O 网格划分。由于物体边界附近热梯度和速度梯度通常较大,网格单元在物体附近较小。相比之下,物体之间的开放空间使用较大的网格单元进行划分,以最小化计算成本。

4.4.2　网格质量和类型

网格质量是 CFD 模型最关键的方面之一。一个好的网格对于一个好的解决方案是必不可少的。一个好的网格需要适当的分辨率、平滑度、低倾斜度和适当数量的网格单元。主要要求概括如下。

在温度和速度梯度可能非常大的物体(例如,加热的块或隔板、附近有物体的房间墙壁)附近,网格必须很密。

从一个网格单元到下一个网格单元的拓展率应在 5 以内,在某些关键区域,较小的值可能更好。

等边的网格单元(正方体)是最佳的,所以应该尽量保证每个网格单元的低长宽比和规则(不倾斜)形状。尽量减少长的、薄的和扭曲的网格单元,因为它们会降低精度并破坏解的稳定性,导致结果不容易收敛。

为了提高网格质量和减少网格数,也可以在模型的某个区域进行非共形(Non-conformal)网格划分。在某个区域可以使用一个框,该区域内的网格不需要与该区域外的网格匹配。这种方法的一个缺点是,目前粒子轨迹不能跨越非共形界面的边界。

为了进行有效的计算,在速度和温度梯度较小的区域,网格应该更粗。由于这些流动区域没有太大变化,在这样的地区有一个细密的网格是浪费的。计算的成本将与网格中元素的数量成正比,因此最好将网格元素集中在需要它们的位置,并减少其他位置的网格元素数量。

六面体非结构网格(默认)适用于大多数情况。六角形主啮合器可用于 CAD 几何图形的自动啮合。Airpak 六面体网格可以生成笛卡儿网格(Hexa cartesian)或非结构化网格(Hexa unstructured)。六面体笛卡儿网格可以为一些简单的问题创建质量更好的单元,但可能无法逼近弯曲或与模型坐标轴不对齐的几何体。笛卡儿网格将关闭物体周围的 O 类型网格,并使用阶梯与倾斜和弯曲的面近似。通常建议使用六边形非结构化网格。

4.4.3　网格生成的原则

网格生成的步骤如下:

(1)使用 Airpak 的粗网格默认参数生成网格,使用默认的六面体非结构化网格,生成的网格包含充分表示模型几何图形和满足默认网格划分规则所需的最小元素数。

在继续优化网格和计算更精确的解之前,可以在此初始网格上计算近似解,以快速确定是否能正常计算,以及结果是否合理。这个初始计算还可以为后续的细分网格估计计算时间。

(2)生成精细网格。

(a)通常将"最大 X 尺寸(Max X size)""最大 Y 尺寸(Max Y size)"和"最大 Z 尺寸(Max Z size)"值设置为相应方向上房间尺寸的 1/20 左右。

(b)选择"正常(Normal)"网格求解器。

(c)生成网格。

(3)通过查看切平面网格、问题表面网格和检查网格质量,看其是否满足以下要求:

固体表面至少要有2个网格单元。

每种流体穿过的物体如送风口(openings)、通风口(vents)、阻抗(resistances)、风扇(fans)上至少应有4或5个网格单元。

网格质量应满足要求。

(4)如果网格不满足这些要求,可以在物体处设置局部网格参数来细化物体处网格并提高网格质量。通常可以采取以下操作:

在温度和速度梯度预计较高的物体(例如,加热的块和隔板、阻塞或分流的物体、风扇)周围细化网格。

如果物体面上的网格数较少,可以设定X、Y或Z方向上的网格数,对其进行更改。

定义物体周围最大最小单元尺寸和变化率。也可以使用"向内/向外尺寸"和"变化率"来优化网格。

其他可以改进网格的选项如下:

如果模型中包含少量物体,并且所有物体上的网格单元数或间距都很小,则可以使用"初始高度(Init height)"选项启用O网格(仅限于六边形非结构化网格)并在所有物体的面上设置变化率。仅当物体数量不太大时才应使用此选项,否则,网格数可能会变得非常大。

在某些情况下,将"最大O网格高度"(Max O – grid height)设置为相对于物体大小足够小的值,可以获得更好的网格质量。此时,"最大O网格高度"的值应高于"初始高度"的值。另外"最大O网格高度"的值为0将使O网格高度不受限制。

对齐那些几乎对齐的面,这样会减小总体网格大小,且改善网格的长宽比,并促进更好的收敛。可以通过修改相应物体的坐标或使用对齐工具对齐面。

可以使用流体块局部调整网格。除非更改其材质属性,否则流体块不会影响房间内的流量或温度分布,因为默认情况下,流体块是由空气构成的,空气也是房间其他地方的物质。

(5)在一个精细网格上求解。

(6)为了获得最佳精度,可以进一步细化网格,计算一个解,并将其与前一个网格的解进行比较。重复此操作,直到随网格数量增加,解的变化不大(即网格无关性解)。

4.4.4 网格检查

通常,如果一个项目中已经生成网格,但这个项目关闭后再次打开,Airpak不会自动读取网格,此时可通过单击"网格控制(Mesh control)"面板中"加载网格(Load Mesh)"按钮将其加载至Airpak中。

Airpak可以从三种角度检查网格质量:变形(Distortion)、面对齐(Face alignment)和网格单元体积(Volume)。

对于六面体网格单元,网格单元的质量定义为雅可比矩阵的行列式,雅可比矩阵是单元变形的度量。最好的元素通常是质量接近1的元素,小于0.15的值表示高度扭曲的元素。

面对齐网格质量是由下式计算:

$$\text{face alignment index} = \vec{c_0 c_1} \cdot \vec{f} \quad (4-6)$$

式中 c_0 和 c_1——两个相邻网格单元的质心;

$\vec{f}$——两个网格单元之间的面法向量。

未对齐的相邻网格面可能会产生狭长的元素。值为 1 表示完全对齐,小于 0.15 的值表示网格严重扭曲。

非常小的网格单元(大约 10^{-12} 或负值)会导致求解时出现问题。因此,检查网格中的最小网格单元体积非常重要。如果网格单元体积实在非常小,则可能需要使用双精度(Double)求解器。

检查网格质量的步骤如下:

(1)通过选择"模型(Model)"菜单中的"生成网格(Generate mesh)"或单击"模型和求解(Model and solve)"工具栏中的 ▦ 按钮打开"网格(Mesh control)"控制面板。

(2)单击"质量(Quality)"选项卡以显示网格诊断工具。

(3)选择"质量(Quality)""面对齐(Face alignment)"或"体积(Volume)"选项。Airpak 将显示相应判据网格单元质量的直方图,如图 4-19 所示。

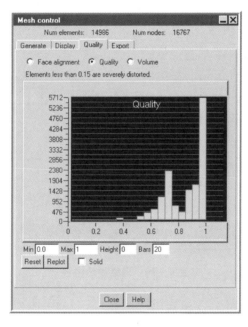

图 4-19 查看网格质量

(4)如果要修改查看的质量值范围,可在"最小值"或"最大值"字段中输入新值,然后按键盘上的 <Enter> 键或单击"重新画图(Replot)"更新直方图。要修改条形图的最大高度或直方图中条形图的数目,可在"高度(Height)"和"条形图(Bars)"字段中输入新值,然后单击"重新画图(Replot)"。(高度为 0 指示 Airpak 以全高显示直方图条。)若要返回默认范围,请单击"重置(Reset)"按钮。

(5)要查看特定质量值范围内的网格单元,请单击直方图中的一个条形图。Airpak 将在图形窗口中显示选定范围内的元素。如果要使用实体着色查看这些元素,可选择"实体(Solid)"选项。

4.4.5 显示网格

当生成一个网格后,我们可以查看此网格是否合理。我们可以查看某一物体上的网格,或是选择查看某一切平面上的网格。

1. 查看某一物体的网格

在物体的表面或三维实体物体内部显示网格的过程如下:

(1)通过选择"模型(Model)"菜单中的"生成网格(Generate mesh)"或单击"模型和求解(Model and solve)"工具栏中的 ▦ 按钮打开"网格控制(Mesh control)"面板,如图 4 – 20 所示。

(2)单击"显示(Display)"选项卡以打开显示网格的工具。

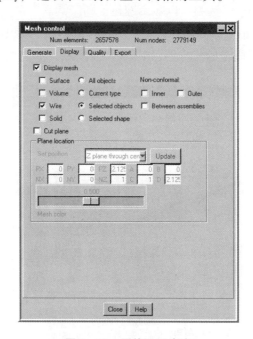

图 4 – 20 网格显示内容

(3)选择以下一个或多个显示选项:

选择"曲面(Surface)"以在物体的外部面上显示网格。

选择"体积(Volume)"以显示三维物体内的网格。

默认情况下会选择"线(Wire)"选项。如果未选择"线"选项,则不会显示网格线。如果选择"实体(Solid)",则所选物体表面将以实体显示。

(4)设定要为其显示网格的物体:

选择"所有物体"(All objects)以在模型中的所有物体上显示网格。

选择"当前类型(Current type)"可仅在"模型管理器(Model manager)"窗口中当前选定类型的物体上显示网格。例如,如果选择了块物体,则网格将仅显示在块物体上。

选择"选定物体(Selected objects)"仅在"模型管理器(Model manager)"窗口中当前选定的物体上显示网格。可以在图形窗口或模型管理器窗口中选择物体。

选择"选定形状(Selected shape)"可仅在"模型管理器(Model manager)"窗口中当前选定形状的物体上显示网格。例如,如果选择了一个方形隔断,网格将仅显示在二维矩形物体上。

(5)在"非共形(Non-conformal)"下,如果希望 Airpak 在非共形界面的内侧和(或)外侧显示网格,请启用"内侧(Inner)"或"外侧(Outer)",或同时启用两者。

(6)如果要显示集与集之间的公共网格面,可以打开"组件之间(Between assemblies)"。

(7)启用"显示网格(Display mesh)"选项。

可以使用"图形样式(Graphical style)"面板更改物体上网格的颜色。

2. 在模型的横截面上显示网格

除了在单个物体上显示网格,还可以查看某一平面上网格的分布。

在横截面上显示网格的步骤如下:

(1)通过选择"模型(Model)"菜单中的"生成网格(Generate mesh)"或单击"模型和求解(Model and solve)"工具栏中的 ▦ 按钮打开"网格控制(Mesh control)"面板。

(2)单击"显示(Display)"选项卡以显示网格显示工具。

(3)启用"剖切面(Cut plane)"选项。

(4)使用以下四种方法之一定义要在其上显示网格的平面:

● 通过在"设置位置(Set position)"下拉列表中选择"通过中心的 X 平面(X plane through center)""通过中心的 Y 平面(Y plane through center)"或"通过中心的 Z 平面(Z plane through center)",设定穿过模型中心的平面,这些平面与坐标轴平面对齐。

● 设定平面上的点和平面的法线方向:

a. 在"设置位置(Set position)"下拉列表中选择"点和法线(Point and normal)"。

b. 输入平面上某点的坐标(PX,PY,PZ)。如果"显示网格(Display mesh)"选项已启用,则在输入每个值后,需要按键盘上的 <Enter> 键。

c. 输入一个向量,定义垂直于平面的方向(NX,NY,NZ)。例如,向量输入(1,0,0)将定义一个指向 x 方向的法线。

● 设定定义平面的公式:

a. 选择"Coeffs(Ax + By + Cz = D)"选项。

b. 输入方程式的系数 A、B、C 和 D

● 使用鼠标设定平面:

a. 使用"方向(Orient)"菜单设定所需的方向。如果需要通过模型的水平或竖直平面,请选择方向,使显示屏幕的平面垂直于所需的网格显示平面。例如,如果要在 y-z 或 x-y 平面上显示网格,需要选择 Orient positive y 作为方向,以便显示屏幕平面是 x-z 平面。如果要通过选择平面上的三个点来设定平面,可根据需要调整模型的方向。

b. 在"设置位置(Set position)"下拉列表中选择"水平-屏幕选择(Horizontal-screen select)""垂直-屏幕选择(Vertical-screen select)"或"3点-屏幕选择(3 point-screen select)"。

c. 如果选择水平屏幕选择(Horizontal-screen select)或垂直屏幕选择(Vertical-screen select)",在图形窗口中单击鼠标左键以指示所需平面上的点。Airpak 将在垂直于图形屏幕平面并通过所选点的水平或竖直平面上显示网格。

如果选择了"3 点 – 屏幕选择(3 point – screen select)",请使用鼠标左键在图形窗口中选择平面上的第一个、第二个和第三个点。

每个点必须位于物体或房间的边缘。如果不是,Airpak 会将该点移动到物体或房间边缘最近的位置。Airpak 将在由三个点定义的平面上显示网格。

如果在与房间侧面不平行或不垂直的平面上显示六面体网格,则网格单元可能看起来像四面体网格的单元。这是由 Airpak 在平面上显示六面体网格时产生的错觉,因为该平面相对于房间的侧面不是水平或垂直的。

(5)启用"显示网格(Display mesh)"选项。

(6)如果要更改网格显示的颜色,请单击"网格颜色(Mesh color)"旁边的彩色正方形,然后选择新颜色。可用的颜色包括白色(默认)、红色、蓝色、绿色、橙色、黄色等。

(7)要在房间中移动当前显示的网格平面,以便在不同的横截面上轻松查看网格,可以使用切平面旁边的滑块。Airpak 将沿垂直于网格平面的轴向前或向后移动平面,移动的百分比为根据房间总长度设定的百分比。

4.4.6 网格调整

当网格质量较差时,可以从整体调整网格,或从物体局部调整网格。

1. 全局优化六面体网格

全局优化六面体网格的步骤如下:

(1)通过选择"模型(Model)"菜单中的"生成网格(Generate mesh)"或单击"模型和求解(Model and solve)"工具栏中的 ▦ 按钮打开"网格控制(Mesh control)"面板。

(2)单击"显示(Display)"选项卡以显示网格显示的工具。

(3)在"网格类型(Mesh type)"下拉列表中选择"六边形非结构化网格(Hexa unstructured)"。

(4)启用"最大 X 尺寸(Max X size)""最大 Y 尺寸(Max Y size)"和"最大 Z 尺寸(Max Z size)"设置,设置每个方向上最大的网格单元尺寸。典型值约为相应方向上房间尺寸的1/20。

(5)(仅适用于具有少量物体的模型)若要增加所有物体上或附近的单元数,并减小所有物体上或附近的网格间距,可以启用"初始高度(Init height)"选项并设定一个值。

Init height 可设定在所有建模物体表面上生成的第一个网格单元层的最大高度。默认情况下,Airpak 使用自己的内部规则来确定物体表面上第一个网格单元高度(初始高度)。

(6)在"最小间隙(Minimum gap)"旁边,在模型中设定物体在 X,Y 和 Z 坐标方向上的最小分隔距离。

只要两个物体之间的距离小于此值但大于模型的零公差,Airpak 就会使用此定义。如果三个坐标方向中任何一个设定的最小间隙大于该坐标方向上最小物体的尺寸,Airpak 将显示最小间隔警告。您可以通过单击"最小间隔警告"面板中的"更改值和网格",让 Airpak

确定适当的最小间隙。

您可以通过在"网格控制"面板中选择接受"更改值"检查来选择让 Airpak 自动设置适当的最小间隙值,而不使用"最小间隔警告"面板。

(7)在"网格参数"(Mesh parameters)下拉列表中,选择"精细(Normal)"以使用默认设置更新一个精细的网格。如果需要,可以修改默认设置,定义如下:

间隙中的最小元素(Min elems in gap)设定相邻物体之间的最小元素数。

边缘上的最小元素(Min elems on edge)设定每个物体每个边缘上的最小元素数。

最大尺寸比(Max size ratio)设定相邻网格单元(对于整个模型)尺寸的最大比值。

O 网格的最大高度(Max O-grid height)(仅适用于六边形非结构化网格)设定茧与物体表面的距离。

圆柱面上的最小元素(Min elems on cyl face)设定圆柱物体(例如圆柱块)圆形面上的最小元素数。如果您认为圆柱周围的网格是盒状的,则这是盒子每个边缘上的最小间隔数。

三面的最小元素(Min elems on tri face)设定物体三角形面(例如,具有三角形面的多边形块)上的最小元素数。如果您认为三角形周围的网格是盒状的,则这是盒子每个边上的最小间隔数。

圆柱收缩系数(Cylinder shrink factor)设定圆柱在圆柱体侧面切向接触其他表面的情况下其直径调整的系数。

"最大元素数(Max elements)"设定网格中最大元素数。

没有 O 网格(No O-grids)(仅适用于六边形非结构化网格)指示物体周围是否具有 O 网格。默认情况下,此选项是关闭的,表示 Airpak 将 O 形网格放置在所有物体周围,包括那些包含其他对象的物体。

没有组 O 网格(No group O-grids)(仅适用于六边形非结构化网格)指示对象内部是否有其他物体(例如,内部有块的机柜)周围有 O 网格。默认情况下,此选项是关闭的,表示 Airpak 将 O 形网格放置在所有物体周围,包括那些包含其他对象的物体。

单独的网格部件(Mesh assemblies separately)指示 Airpak 是否应为启用了"单独网格(Mesh separately)"选项的部件生成非共形网格。使用此选项可以关闭(或打开)整个模型所有定义的非共形网格。

允许不同的子网格类型(Allow different subgrid types)设定 Airpak 是否应为不同于全局网格类型的部件生成网格类型,可在"装配"面板的"网格化"选项卡中的"网格类型"下设定。此选项使您可以为整个模型的所有装配关闭(或打开)不同的网格类型。

(8)单击"生成网格(Generate mesh)"。Airpak 将生成全局优化的网格。如果要在完成网格划分过程之前将其停止,请单击"终止网格生成器(Terminate mesher)"。

2. 局部加密网格

局部加密网格的步骤如下:

(1)通过选择"模型(Model)"菜单中的"生成网格(Generate mesh)"或单击"模型和求解(Model and solve)"工具栏中的 ▦ 按钮打开"网格控制(Mesh control)"面板。

(2)单击"生成网格(Generate mesh)"选项卡以显示网格显示的工具。

(3) 在下拉列表中选择适当的网格类型(Mesh type)。

(4) 启用"物体参数(Object params)"选项,然后单击其旁边的"编辑(Edit)"按钮以打开"各个物体网格参数(Per-object meshing parameters)"面板,如图 4-21 所示。这样可以定义特定模型中各个物体的网格参数。

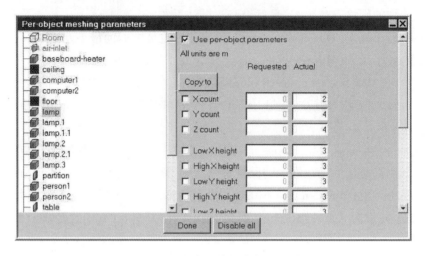

图 4-21 "各个物体网格参数"面板

如果要关闭使用特定于物体的网格划分参数,可以单击"全部禁用(Disable all)"按钮。

(5) 要定义物体的网格划分参数,请在"各个物体网格参数(Per-object meshing parameters)"面板中选择物体,然后启用"使用各个物体网格参数(Use Per-object parameters)"选项,在"请求的(Requested)"下输入所需的值。如果已经生成了网格,则当前网格的值将显示在"实际(Actual)"下。

(6) 设置所需特定物体的网格参数后,在"各个物体网格参数(Per-object meshing parameters)"面板中单击"完成(Done)",然后返回到"网格控制(Mesh control)"面板,单击"生成网格(Generate mesh)"。Airpak 将生成局部优化的网格,如果要在完成网格划分过程之前将其停止,请单击"终止网格生成器(Terminate mesher)"。

4.5 求解计算

4.5.1 概述

建立模型并生成网格后,即可开始计算求解。Airpak 可以设定控制求解过程的一些参数并监视求解过程。定义求解过程所需的功能可在"模型管理器(Model manager)"窗口中的"问题设置(Problem setup)"和"求解设置(Solution settings)"节点下,以及"求解(Solve)"菜单中找到。

"求解"菜单下可使用的工具如图 4-22 所示。

为 Airpak 模拟定义求解参数所需的功能包括:
- 设定控制求解器的参数

- 更改求解计算期间要监视的变量
- 定义求解过程
- 定义报告的格式

图 4-22 求解菜单

4.5.2 求解的一般过程

在 Airpak 中建立模型后,就可以计算求解了。下面是求解过程的一般步骤:

(1) 选择离散格式

Airpak 可以为每个控制方程的对流项选择离散方案。Airpak 要求解每个方程的离散格式在"高级求解设置(Advanced solver setup)"面板里的"离散格式(Discretization scheme)"处定义,如图 4-23 所示。默认情况下,所有方程(压力方程除外)均使用一阶格式求解,一阶格式提供了相对快速、准确的求解。当需要更精确的解时,可以使用二阶方案,但是二阶格式求解可能需要更长的时间才能收敛。另外,对于二阶计算,也可以首先计算一阶解后,再将其用作二阶格式求解的初始值。

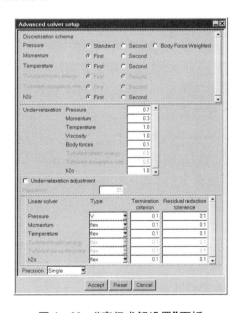

图 4-23 "高级求解设置"面板

默认情况下,使用标准(Standard)格式求解压力方程,也可以使用"体积力加权(Body Force)"格式,但是在大多数情况下,建议保留默认的标准格式。对于需要更精确解的情况,也可以使用二阶格式。

(2)设置松弛因子

Airpak 使用欠松弛来控制每次迭代时计算变量的更新。这意味着使用 Airpak 求解的所有方程将具有与它们相关的松弛因子。可以在"高级求解器设置(Advanced solver setup)"面板中设置松弛度较低的因子。由于方程组的非线性,有必要减少变量从一次迭代到下一次迭代的变化,这被称为欠松弛。例如,如果压力欠松弛因子为 0.3,则压力值从一次迭代到下一次迭代的变化将被限制为原有值和新计算值之差的 30%。

在 Airpak 中,所有变量的默认欠松弛参数均设置为对于大多数案例来说接近最佳的值。这些值适用于许多问题,但对于某些特别的非线性问题(例如,某些湍流或高瑞利数自然对流问题),应谨慎地减少欠松弛因子。

一般应先使用"高级求解器设置"面板中的默认设置开始计算。对于大多数流动,默认的欠松弛因子通常不需要修改。如果解表现出不稳定或发散的行为,则可能需要修改欠松弛因子,但是较低的松弛因子可能会降低解的收敛速度。

(3)选择多重网格方案格式

Airpak 使用多网格方案来加速解的收敛。可以在"高级求解器设置(Advanced solver setup)"面板中的"线性求解器(linear solver)"设置与多重网格求解器相关的参数。基于由 Airpak 生成的网格,多重网格求解器通过使用一系列粗网格来加快解的收敛速度,可以在粗糙网格上更快地求解,但是粗糙网格的解不如精细网格的解准确。因此,Airpak 使用较粗糙网格上的解作为最终解的起点。以下选项可用于多网格求解器。

"类型(Type)"设定 Airpak 求解每个方程的多重网格循环类型。默认情况下,V 循环用于压力方程,而 flex 循环用于所有其他方程,通常不需要修改这些设置。

"终止判据(termination criterion)"以不同的方式针对不同的周期控制多重网格求解器。对 flex 循环,终止判据决定了求解器何时应返回到更精细的网格级别(即何时残差已在当前级别充分改善)。对于 V 和 W 循环,终止判据确定是否应在最佳(原始)网格级别上执行另一个循环,如果当前的最大残差不满足终止判据,Airpak 将执行另一个多重网格循环。在大多数情况下,无须修改终止判据的设置。

"容忍残差减小(Residual reduction tolerance)"规定了何时必须访问较粗的网格级别(由于当前级别的解不能有明显的提升)。此参数仅在 flex 循环中使用。如果"容忍残差减小"较大,则访问粗糙级别的次数将减少(反之亦然)。在大多数情况下,无须修改"容忍残差减小"的设置。

(4)选择求解器的版本(单精度或双精度)

在"高级求解器设置(Advanced solver setup)"面板中,在"精度(Precision)"下拉列表中选择要使用的求解器版本。

Single:设定要使用单精度求解器。

Double:设定要使用双精度求解器。

在所有计算机平台上都可以使用单精度和双精度版本的 Airpak。在大多数情况下,单精度求解器将足够精确,但是某些类型的问题可能双精度求解器会更好。例如:对于具有高导热系数和高纵横比(high-aspect-ratio)网格的共轭问题,由于边界信息传输效率低,单精度求解器可能会损害收敛性和准确性。

(5)解的初始化

在开始 CFD 仿真之前,您必须向 Airpak 提供要执行的迭代次数,以及 Airpak 检查收敛性应该使用的标准。您可以在"基本设置"面板中设定迭代次数和收敛标准,如图 4-24 所示。

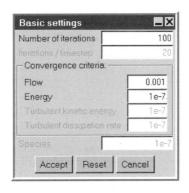

图 4-24 "基本设置"面板

在"基本设置"面板中需要设定以下值。

(a)设定 Airpak 执行的迭代次数。这设定了在稳态计算中要执行的求解迭代次数。当执行这些迭代次数或满足收敛标准时(以先发生者为准),计算将停止。

(b)设定收敛判据。这些是用于确定收敛解的残差值。解的残差用于衡量 Airpak 守恒方程阻求解的误差或是否守恒。当所有方程的残差(例如动量、能量、湍流、组分)均小于或等于其设定的收敛判据,则解可以被视为收敛。如果在"基本设置"面板中单击"重置",则 Airpak 会将收敛判据调整为适合要解决的问题类型的值。

当在"基本设置(Basic settings)"面板中单击"重置(Reset)"时,Airpak 会调整收敛判据,并根据您定义模型的物理特性来计算雷诺、贝克利、瑞利和普朗特数的近似值,将其显示在"消息"窗口中。

(6)启用适当的求解监视器。

(7)在求解模型之前定义后处理物体。

(8)定义求解完成后希望 Airpak 创建的报告。

(9)设定控制求解器的参数。

(10)开始计算。

4.5.3 设置选项

在 Airpak 执行求解程序之前,它允许在"求解(Solve)"面板中设定设置求解过程的一些控件。要打开"求解"面板,请在"求解(Solve)"菜单中选择"运行求解(Run solution)",或单击"模型和求解(Model and solve)"工具栏中的 按钮,如图 4-25 所示。

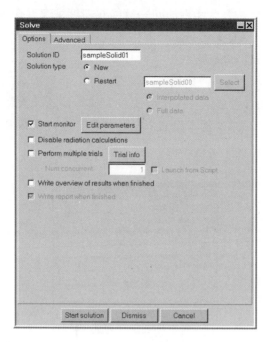

图 4-25 "求解"面板

设置求解器的步骤如下：

(1) 设定解的 ID。这为计算结果定义了唯一的标识符。

Airpak 自动创建一个默认名称，可以通过在"解的 ID(Solution ID)"文本输入字段中键入新名称来进行更改。默认名称由项目名称加上两位数字序号组成，从 00 开始。

(2) 设定求解器计算的类型(Solution type)。有两个选项：

"新建(New)"：设定计算为新的。在设定的解的 ID 下存储的所有先前数据将被覆盖。

"重新启动(Restart)"：设定在之前的求解基础上再次计算，例如有意停止计算以查看结果，或者是因为计算在未收敛之前达到了设定的迭代步数。Airpak 保存模拟结果时，将保存两个文件：projectname.dat 和 projectname.fdat。projectname.fdat 文件是二进制文件，包含有关模拟的所有信息；projectname.dat 是 ASCII 格式，包含所有模拟结果(速度、压力和温度数据)的子集。可以通过在"求解(Solve)"面板中选择"插值数据(Interpolated data)"或"完整数据(Full data)"，选择 Airpak 在重新启动计算时应使用的数据文件，如下所述。

如果选择"重新启动(Restart)"选项，则必须设定先前计算解的 ID。可以在"重新启动"文本输入框中输入解的 ID，也可以使用"版本选择(Version selection)"面板选择解的 ID。单击"选择(Select)"打开"文件选择(File selection)"对话框。

如果在"解的 ID"字段中设定解的 ID 与"重新启动"框中解的 ID 相同，则先前计算的结果将被覆盖。如果要保留以前的结果，需要在"解的 ID"字段中输入新名称。

重新启动计算有两个选项：

"插值数据(Interpolated data)"：指示 Airpak 使用 projectname.dat 文件重新启动计算。这是默认选项，如果您已经为模型计算了粗网格的解，然后细化了网格，则应该使用该选项。如果使用从粗网格获得的解开始计算，则将减少在细网格上计算解的时间。

"完整数据(Full data)":指示 Airpak 使用 projectname.fdat 文件重新开始计算。如果您先前已经为问题计算了流动情况并且要在求解温度时使用此流场数据,则应该使用此选项。此时这两个问题的几何形状和网格必须相同。

(3)在"求解(Solve)"面板的"选项(Options)"选项卡中启用一些基础的控制选项。可以使用以下选项:

"启动监视器(Start monitor)":指示 Airpak 在计算过程中显示计算的残差情况。

"禁用辐射计算(Disable radiation calculations)":指示 Airpak 不要为模型计算辐射参数。

"执行多次试验(Perform multiple trials)":指示 Airpak 使用模型设定的固定参数进行多次试验。

"完成后写出结果概述(Write overview of results when finished)":指示 Airpak 完成计算后生成结果概述。

"完成后写报告(Write report when finished)":指示 Airpak 完成计算后生成报告。

(4)在"求解(Solve)"面板的"高级(Advanced)"选项卡中设置适当的高级求解控制。

(5)设定串行或并行运行求解。要以串行方式运行求解,请在"并行设置(Parallel settings)"面板中保留默认的"串行(Serial)"选择。

(6)单击"开始求解(Start solution)"以开始计算。

可以单击"取消(Cancel)"以关闭"求解(Solve)"面板而不接受定义且不开始计算,或者可以单击"取消(Dismiss)"以关闭"求解(Solve)"面板并接受定义但不开始计算。

求解器的并行版本使用多个计算进程同时计算求解。在 CPU 占用允许的情况下,多个进程进行求解能充分应用 CPU 的计算能力,缩短计算时间。并行求解时,求解器将计算域划分为多个子域,每个子域将在不同的计算进程上求解。通常,随着计算进程数量的增加,每个进程求解迭代的时间将减少,但进程与进程之间信息的传递时间将会增加。因此,并行的进程数需要控制在合理范围内。

可以在"并行设置(Parallel settings)"面板中为求解器的并行版本设置所有参数,如图 4-26 所示。"并行设置"面板中提供以下选项:

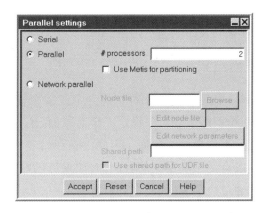

图 4-26 "并行设置"面板

"串行(Serial)":设定在串行进程中求解。

"并行(Parallel)":设定在计算机上调用并行进程求解。

"网络并行(Network parallel)":设定在计算机网络上使用并行进程求解。

将网格分区的默认选项是 Principal Axes 方法。该方法基于与计算域的主轴对齐的坐标框架将域一分为二。通过选择"并行设置(Parallel settings)"面板中的"使用 Metis 进行分区(Use Metis for partitioning)"选项,还有一个称为 METIS 的选项可进行网格分区。

4.6 结果后处理

4.6.1 概述

Airpak 提供了许多方法来查看模拟结果(也称为对结果进行后处理)。可以在模型的不同部分上创建数据的图形显示,也可以在求解数据的二维(XY)图上进行创建。

"后处理(Post)"菜单包括在 Airpak 中查看结果所需的所有功能,如第 2 章中图 2 – 11 所示。

后处理工具栏包含一些选项,这些选项也可以查看 Airpak 的计算结果,如第 2 章中图 2 – 19 所示。

Airpak 主要在四种位置查看结果:
- 在模型中选定对象的一个或多个面上
- 在房间的一个切平面上
- 在由设定变量(例如温度)相同的值定义的表面(称为等值面)上
- 在模型的特定点上查看各个位置的结果

在计算域的设定位置,主要有四种方式显示数据:
- 设定变量的云图(Contours),例如温度或压力
- 设定变量的矢量图(Vectors)
- 从对象或其他平面开始的迹线图(Particles)
- 以设定颜色在设定对象或表面上显示网格(Mesh)

4.6.2 查看对象表面结果

Airpak 对象面定义为由一个或多个建模对象的一个或多个面组成的表面。也就是说,不仅可以为单个对象或单个类型的所有对象设定一个对象面,还可以为组设定一个对象面。默认情况下,将对象的所有面都选择为对象面。因此,块的所有六个侧面都包含其默认对象面。结合迹线图,对象面可以有助于观察流动。例如,如果将风扇的表面定义为对象面并引入了迹线图,则可以观察到通过风扇表面的空气流动。

要编辑一个后处理的对象面,需要使用"对象面(Object face)"面板,通过单击后处理工具栏的 ▥ 按钮或在"后处理(Post)"菜单中选择"对象面(Object face)"打开"对象面"面板,如图 4 – 27 所示。

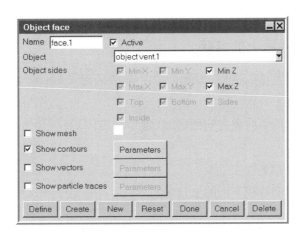

图 4-27 "对象面"面板

定义对象面的过程如下：

(1) 在"名称"字段中，输入对象面的名称。默认名称为 face.n，其中 n 是创建对象面的序号。

(2) 选择要为其创建对象面的特定建模对象，请在"对象"下拉列表中选择所需的对象（例如 vent.1）。对象名称显示在文本字段中。

(3) 要设定创建对象面的多个对象，可以从"对象"下拉列表中选择所需的对象（例如 vent.1），按住<Control>键，然后从中选择另一个对象。选择多个对象时，对象名称会在"对象（Object）"文本字段中列出，并用空格分隔。

要选择下拉列表中连续列出的多个项目，可以选择第一个项目，按住<Shift>键，然后选择列表中的最后一个项目。此时将选择第一个选定项目和最后一个选定项目之间的所有项目。

(4) 通过启用/禁用"对象侧面（Object sides）"的相应选项，设定建模对象的哪些侧面应包括在对象面中。仅适用于在"对象（Object）"列表中选择的对象的面。例如长方体块包括 Min X、Max X、Min Y、Max Y、Min Z 和 Max Z。"最小 X"和"最大 X"分别表示 x 轴上块具有 x 最小值和最大值的侧面。圆柱和多边形块包括顶部（Top）、底部（Bottom）和侧面（Sides）。默认情况下，所有对象侧面均处于选中状态。

(5) 设定要在对象面上显示的类型："显示网格（Show mesh）""显示云图（Show contours）""显示矢量（Show vectors）"或"显示迹线（Show particle）"。可以同时选择多个类型。

(6) 要修改云图、矢量图或迹线图显示的属性，单击相应的"参数（Parameters）"按钮。如果选择显示网格，则可以通过在下拉调色板中选择一种颜色来设定网格颜色。要显示调色板，请单击"显示网格（Show mesh）"选项旁边的小颜色矩形。

(7) 单击"定义（Define）"可以先定义对象面，而不加载数据。如果已经加载了数据，则此按钮将变为"显示（Display）"按钮。如果再修改面板中的定义，则"定义（或显示）"按钮将变为"更新"按钮，并且可以使用该按钮来更新对象面。要通过加载数据来创建和显示对象面,请单击"创建(Create)"按钮。

4.6.3 查看切平面上的结果

要在模型的横截面上显示结果,需要创建一个切平面。Airpak 切平面定义为与模型相交的设定平面上的区域。

切平面可以查看模型中对象之间的区域(通常为流体)及包含流体或固体材料的对象内部区域。

有三种设定平面的方法:
- 设定平面上的一个点和平面的法向量。
- 设定平面方程。
- 使用鼠标在图形窗口中设定平面。

要定义切平面,需要使用"切平面(Plane cut)"面板,如图 4-28 所示。要打开面板,请单击"后处理"工具栏中的 按钮,或在"后处理(Post)"菜单中选择"切平面"。

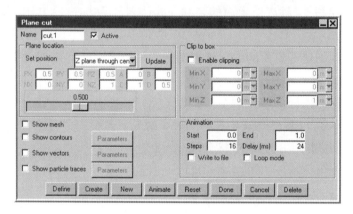

图 4-28 "切平面"面板

定义切平面的步骤如下:

(1)在"名称(Name)"字段中,输入切平面的新名称。默认名称为 cut.n,其中 n 是创建每个切平面的不同序号。

(2)有四种方法定义平面:设定垂直坐标轴通过模型中心的平面、设定平面上一个点和平面的法向量、定义平面的方程、使用鼠标定义一个平面。

(3)设定要在切平面上显示的类型:"显示网格(Show mesh)""显示云图(Show contours)""显示矢量(Show vectors)"或"显示迹线图(Show particle traces)"。可以同时选择多种类型。

(4)要修改云图、矢量图或迹线图显示的属性,单击相应的"参数(Parameters)"按钮。如果选择显示网格,则可以通过在下拉调色板中选择一种颜色来设定网格颜色。要显示调色板,请单击"显示网格(Show mesh)"选项旁边的小颜色矩形。

(5)单击"定义(Define)"可以先定义切平面,而不加载数据。如果已经加载了数据,则此按钮将变为"显示(Display)"按钮。如果再修改面板中的定义,则"定义(或显示)"按钮将变为"更新"按钮,并且可以使用该按钮来更新对象面。要通过加载数据来创建和显示对象面,请单击"创建(Create)"按钮。

(6)要在房间中移动当前显示的切平面,以便可以轻松查看不同横截面的结果,可使用"平面位置(Plane location)"下的滑块,还可以生成在房间中移动的切平面动画。

4.6.4　查看等值面上的结果

等值面定义为代表某个变量定值曲面。等值面几乎可以是任何形状,有时是不连续的。

等值面可以用于查看给定解变量的定值曲面。例如,如果要确定温度或压力等变量在模型中的传递方式,则等值面可能会有所帮助。在等值面内包裹的通常是大于或小于等值面的值,这可用于大致估计室内温度低于某一温度值的范围。

要定义等值面,将使用"等值面(Isosurface)"面板,如图4-29所示。要打开面板,请单击"后处理"工具栏中的 ![] 按钮,或在"后处理(Post)"菜单中选择"等值面(Isosurface)"。

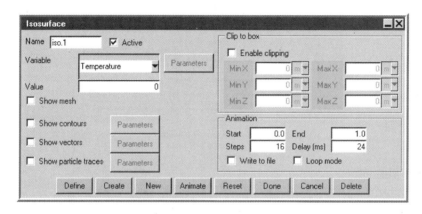

图4-29　"等值面"面板

定义等值面的过程如下:

(1)在"名称(Name)"字段中,输入等值面的新名称。默认名称为iso.n,其中n是对于创建的每个等值面而言不同的序号。

(2)设定等值面所基于的变量。从"变量"下拉列表中选择所需的变量(例如温度)。

(3)设定用于定义等值面的指定变量的值。

(4)设定要在切平面上显示的类型:"显示网格(Show mesh)""显示云图(Show contours)""显示矢量(Show vectors)"或"显示迹线图(Show particle traces)"。可以同时选择多种类型。

(5)要修改云图、矢量图或迹线图显示的属性,单击相应的"参数(Parameters)"按钮。如果选择显示网格,则可以通过在下拉调色板中选择一种颜色来设定网格颜色。要显示调色板,请单击"显示网格(Show mesh)"选项旁边的小颜色矩形。

(6)单击"定义(Define)"可以先定义等值面,而不加载数据。如果已经加载了数据,则此按钮将变为"显示(Display)"按钮。如果再修改面板中的定义,则"定义(或显示)"按钮将变为"更新"按钮,并且可以使用该按钮来更新对象面。要通过加载数据来创建和显示对象面,请单击"创建(Create)"按钮。

4.6.5 查看点上的结果

点对象可用于探测模型或者确定特定点处求解变量的值,也可以用作更广泛分析的起点。如果选择了显示迹线的选项,则会显示从该点开始的迹线。当使用点对象时,可能有必要重新调整模型的方向(例如,沿着坐标轴),以避免在视觉上混淆点相对于模型其余部分的确切位置。

要定义一个点,将使用"点(Point)"面板,如图4-30所示。要打开面板,单击"后处理"工具栏中的 按钮,或在"后处理(Post)"菜单中选择"点(Point)"。

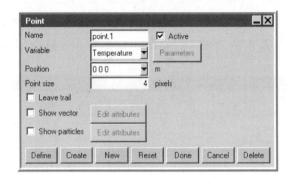

图4-30 "点"面板

定义点的过程如下:

(1)在"名称(Name)"字段中,输入该点的新名称。默认名称是point.n,其中n是创建的每个点的序号。

(2)设定与该点关联的求解变量。从"变量"下拉列表中选择所需的变量(例如温度)。

(3)在"位置"旁边输入点的坐标(以空格分隔)。

(4)(可选)在"点大小"字段中设定点的大小(以像素为单位)。默认大小为4,如果点太小而无法轻松看到,则可能需要增加点大小。

(5)(可选)如果要在该点的当前位置显示速度的大小和方向,可启用"显示矢量(Show vector)"选项。要修改默认矢量定义,单击"编辑属性(Edit attributes)"。

(6)(可选)如果要显示从当前点的位置开始的迹线,请启用"显示迹线(Show particles)"选项。要修改默认的迹线定义,请单击"编辑属性(Edit attributes)"。

(7)单击"定义(Define)"可以先定义点,而不加载数据。如果已经加载了数据,则此按钮将变为"显示(Display)"按钮。如果再修改面板中的定义,则"定义(或显示)"按钮将变为"更新"按钮,并且可以使用该按钮来更新对象面。要通过加载数据来创建和显示对象面,请单击"创建(Create)"按钮。

4.6.6 显示云图参数

云图表示设定变量的变化,类似于地理上的等高图。云图用于查看变量在局部或整个模型中的变化,通常可用于查找较大梯度和值的范围。

如果选择了"显示云图(Show contour)"作为要在对象面、切平面或等值面中显示的类型,则可以单击相关的"参数(Parameters)"按钮修改云图的定义。

在"对象面云图"面板"切平面云图"面板或"等值面云图"面板中,可以设定要绘制的变量、云图的类型(线形或实线)、图的颜色条,如图4-31所示。修改设置后,单击"应用(Apply)"以在图形窗口中查看结果。

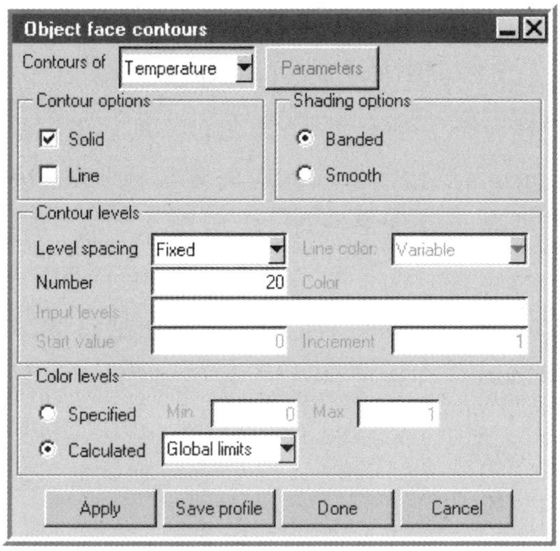

图4-31 "对象面云图"选项卡

选择要显示的变量,从"变量(Variable)"下拉列表中选择所需的变量(例如温度)。
设置颜色条的范围。有两种方法可以设定此范围的最小值和最大值:
- 要明确设置颜色范围,请在"颜色级别(Color levels)"下选择"设定(Specified)",然后输入最小(Min)和最大(Max)值。
- 要让 Airpak 自动计算颜色范围,可在"颜色级别(Color levels)"下选择"计算(Calculated)",然后从下拉列表中选择"全局限制(Global limits)""此对象(This object)"或"屏幕上可见(Visible on screen)"作为计算颜色级别的方法。全局限制使用整个模型中变量的最大值和最小值。此对象使用当前后处理变量的最大值和最小值。"在屏幕上可见"使用图形窗口中当前可见的所有后处理对象的最大值和最小值。

创建云图后,可以将云图数据保存到文件中,以便将其作为配置文件读回到 Airpak。如果已经求解了一个复杂的大问题,并且想要放大模型的特定区域并更详细地求解该区域,这将非常有用。可以将云图数据用作要研究区域的边界条件,然后仅针对该区域计算求解。

要保存云图数据,可在相关的云图面板中单击"保存值(Save profile)",在出现的"文件选择(File selection)"对话框中输入云图的名称,然后单击"接受"以保存数据。然后,可以在要详细研究区域的边界处创建墙或送风口(Opening),要将云图数据用作墙或送风口的边界条件,可使用云图数据在墙或送风口上定义空间值(Spatial profile)。保存云图数据所在平面的形状尺寸和设定的送风口或墙不必完全相同。例如,如果保存的是尺寸为 10 cm×10 cm 平面上的云图数据,并使用此数据定义送风口的边界值,则送风口尺寸不必为 10 cm×10 cm。如果开口大小为 5 cm×5 cm,Airpak 将使用该区域中的云图数据,而忽略该区域之外的云图数据。如果开口尺寸为 15 cm×15 cm,则 Airpak 将在大于 10 cm×10 cm 的开口区域中使用 10 cm×10 cm 平面边缘的云图数据。

4.6.7 显示矢量图

Airpak 后处理矢量是一个箭头,其长度和方向代表模型中特定位置处速度的大小和方向。另外,箭头的颜色可以表示矢量位置处标量解变量的值。

如果选择了"显示矢量(Show vectors)"作为在对象面、切平面或等值面显示的类型,可以单击相关的"参数(Parameters)"按钮修改相应矢量面板中矢量图的定义。如果要在某个点显示矢量,则可以打开"显示矢量"选项,然后单击"点"面板中的"编辑属性(Edit attributes)"按钮。

在"对象面矢量(Object face vectors)"面板、"平面切割向量(Plane cut vectors)"面板或"等值面向量(Isosurface vectors)"面板中,可以设定矢量的分布、颜色和其他特征,以及图的颜色大小,如图 4-32 所示。设置好矢量图后,单击"应用(Apply)"以在图形窗口中查看结果。

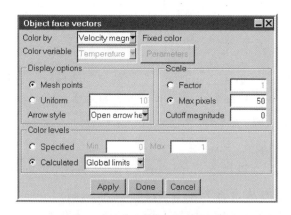

图 4-32 "对象面矢量图"面板

默认情况下,将在后处理对象表面的每个节点上显示矢量。这通过选择"显示选项(Display options)"的"网格点(Mesh points)"来设定。在网格单元较多的区域(例如,靠近建模对象),矢量将比网格单元较少的区域多。如果希望显示均匀分布的矢量,请为"显示选项"选择"统一(Uniform)"选项。然后,可以在 Uniform 右侧的字段中设定矢量的总数。

矢量的颜色可以基于速度的大小或标量变量的值,也可以为所有矢量定义同一颜色。

- 要将矢量颜色基于速度的大小(默认),请在"颜色依据(Color by)"下拉列表中选择"速度大小(Velocity magnitude)"。
- 要将颜色基于标量变量的值,请在"颜色依据(Color by)"下拉列表中选择"标量变量(Scalar variable)",然后从"颜色变量"下拉列表中选择所需的标量变量(例如,温

- 要显示单色矢量,请在"颜色依据(Color by)"下拉列表中选择"固定(Fixed)",然后在"固定颜色(Fixed color)"下拉调色板中设定一种颜色。

如果选择非固定的矢量颜色(即选择"速度大小"或"标量变量"),则矢量位置处的速度或设定标量的大小将由一定范围的颜色条来表示。有两种方法可以设定此范围的最小和最大值:

- 要明确设置颜色级别,请在"颜色级别(Color levels)"下选择"设定(Specified)",然后输入最小(Min)和最大(Max)值。
- 要让 Airpak 自动计算颜色范围,可在"颜色级别(Color levels)"下选择"计算(Calculated)",然后从下拉列表中选择"全局限制(Global limits)""此对象(This object)"或"屏幕上可见(Visible on screen)"作为计算颜色级别的方法。全局限制使用整个模型中变量的最大值和最小值。"此对象"使用当前后处理变量的最大值和最小值。"在屏幕上可见"使用图形窗口中当前可见的所有后处理对象的最大值和最小值。

有两种缩放向量大小的方法:

- 通过选择"缩放(Scale)"的"因子(Factor)"选项并在文本字段中输入因子,为所有矢量设定缩放因子。默认因子为1。
- 通过选择"缩放(Scale)"的"最大像素(Max pixels)"选项并在文本字段中输入最大像素数,可以为最大矢量设定尺寸。屏幕上最大矢量的大小将设置为设定的像素数,所有其他矢量将按比例缩放。

如果显示的矢量之间在大小上存在较大差异,则可能需要限制较大矢量的显示,以便可以更轻松地看到较小的矢量。

要限制显示,请输入所需的"截止大小(Cutoff magnitude)"。值大于设定截止大小的任何矢量都不会显示。

默认情况下,矢量与箭头一起显示。要将矢量显示为没有箭头的线,请在"箭头样式(Arrow style)"下拉列表中选择"无箭头(No arrow heads)"选项。

4.6.8　显示迹线图

迹线表示假设的"无质量"粒子通过模型的路径。粒子的路径基于计算的流场,迹线提供的信息类似于通过将示踪气体或烟雾引入真实模型的流体中所获得的信息,它们主要用于观察模型中的流动。

如果选择了"显示迹线(Show particle traces)"作为要在对象面、切平面、等值面或点上显示的显示类型,可以单击相关的"参数(Parameters)"按钮来修改相应粒子面板中粒子迹线图的定义。在"对象面粒子(Object face particles)"面板、"切平面粒子(Plane cut particles)"面板、"等值面粒子(Isosurface particles)"面板或"点粒子(Point particles)"面板中可以设定迹线的颜色、分布及其他特征,如图 4-33 所示。修改设置后,单击"应用(Apply)"以在图形窗口中查看结果。

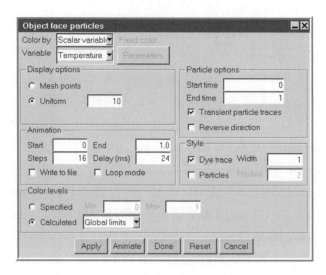

图 4-33 "对象面迹线"面板

设置以下参数可以控制迹线图的计算：
- "开始时间(Start time)"：设定迹线开始的时间。
- "结束时间(End time)"：设定迹线应何时结束。Airpak 会根据流动的时间尺度估算结束时间，即以粒子最大的速度经过房间长度所需的时间。如果希望迹线在到达计算域的边界之前结束，则可以设定一个较小的值。
- 瞬态仿真时，瞬态粒子迹线(Transient particle traces)通过利用当时的速度矢量场在特定时间创建一个时刻下的粒子迹线。
- 反向(Reverse direction)可用于通过在对象面、切平面、等值面或点处引入之前的路径来反转粒子迹线的方向(例如，显示进入或离开通风口的气流路径)。

默认情况下，粒子迹线将均匀分布。通过选择"显示选项(Display options)"的"均匀(Uniform)"来设定。可以在"均匀"右侧的字段中设定释放的粒子总数。如果希望显示从后处理对象表面每个节点上释放的粒子，可在"显示选项"中选择"网格点(Mesh points)"选项。与网格单元较少的区域相比，网格单元较多的区域将有更多的粒子。

迹线可以用一些点(Particles)来表示，也可以用一条线(Dry trace)来表示，这在"类型(Style)"中设定。同样可以设定线宽(Width)或点的半径(Radius)来调整显示线的粗细和点的大小，它们的默认值都为1。

默认情况下，全部的粒子迹线将一次显示。如果要看到粒子迹线逐渐出现，就像粒子在计算域中移动，可以使用"对象面粒子(Object face particles)"面板、"切平面粒子(Plane cut particles)"面板、"等值面粒子(Isosurface particles)"面板或"点粒子(Point particles)"面板的"动画(Animation)"部分对其进行动画处理，如图 4-34 所示。

要创建粒子轨迹的动画，步骤如下：

(1) 设定动画的开始帧和结束帧。结束的默认值由相应粒子面板"粒子选项(Particle option)"中的部分值计算得出，更改此默认值将更改粒子步数。

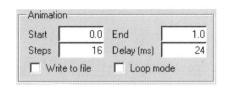

图 4-34 动画选项卡

(2)设定步(Steps)数,即 Airpak 在动画的开始和结束之间应显示的帧数。Airpak 将在动画的开始和结束之间平滑插值,从而创建设定数量的帧。步数包括开始帧和结束帧。

(3)设定延迟(Delay)或动画中每帧之间的时间,单位为 ms。这将确定动画的持续时间。例如,如果您在"步(Steps)"旁边设定 10 帧,然后设定"延迟(ms)"为 500,则 Airpak 将创建一个五秒钟的粒子轨迹动画。延迟值会增加 Airpak 创建动画所需的时间。

(4)如果要让 Airpak 仅在图形窗口中播放动画,并且希望连续重复播放,可以打开"循环模式(Loop mode)"选项。要从头到尾播放一次动画,可关闭"循环模式"选项。如果要保存动画为 GIF 或 FLI 文件,也可以使用"循环模式"选项。

(5)如果要让 Airpak 将动画保存到文件中,可选择"写入文件(Write to file)"选项,然后单击"写入(Write)"按钮。这将显示"保存动画(Save animation)"文件选择对话框,可以在其中以 MPEG、AVI、动画 GIF 或 FLI 格式保存动画。

选择"写入文件"选项后,"延迟(ms)"字段将变为"帧/秒(Frames/s)"字段。"帧/秒"字段设定每秒显示的动画帧数。

(6)单击"动画(Animate)"开始动画。要在播放期间停止动画,可单击 Airpak 界面右上角的"中断(Interrupt)"按钮。

粒子迹线颜色可以基于标量变量的值,所有粒子迹线也可以是相同的颜色。

- 要使颜色基于标量变量的值,请在"颜色依据(Color by)"下拉列表中选择"标量变量(Scalar variable)",然后从"变量(Variable)"下拉列表中选择所需的标量变量(例如,温度)。

- 要将迹线用单一颜色显示,可以在"颜色依据(Color by)"下拉列表中选择"固定(Fixed)",然后在"固定颜色(Fixed color)"下拉调色板中设定一种颜色。

如果选择非固定的粒子颜色,即如果选择"标量变量(Scalar variable)"或"时间(Time)",则设定标量的大小将由一定范围的颜色条来表示。有两种方法可以设定此范围的最小和最大值:

- 要明确设置颜色级别,请在"颜色级别(Color levels)"下选择"设定(Specified)",然后输入"最小(Min)"和"最大(Max)"值。

- 要让 Airpak 自动计算颜色范围,可在"颜色级别(Color levels)"下选择"计算(Calculated)",然后从下拉列表中选择"全局限制(Global limits)"、"此对象(This object)"或"屏幕上可见(Visible on screen)"作为计算颜色级别的方法。"全局限制"使用整个模型中变量的最大值和最小值。"此对象"使用当前后处理变量的最大值和最小值。"在屏幕上可见"使用图形窗口中当前可见的所有后处理对象的最大值和最小值。

4.6.9　XY 图

Airpak 可以创建一个 XY 图来查看某一条直线上某个变量的变化。X 轴表示沿直线的距离,Y 轴表示变量的相应值。

要生成一个变量图,需要使用"变量图(Variation plot)"面板,如图 4-35 所示。要打开此面板,在"后处理"工具栏中单击 ![VAR] 按钮或在"后处理(Post)"菜单中选择"变量图(Variation plot)"。

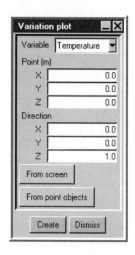

图 4-35　"变量图"面板

定义变量图的步骤如下:

(1)从"变量(Variable)"下拉列表中选择要作图的变量(例如温度)。

(2)定义线的初始点(X,Y,Z)和线的方向向量(X,Y,Z)。有三种方法定义线。

• 在面板中明确输入点(Point)和方向(Direction)。

• 使用鼠标在图形窗口中定义线:

(a)使用"方向(Orient)"菜单或"方向命令(Orientation commands)"工具栏设定所需的方向。选择方向,使显示屏的平面垂直于所需的直线。例如,如果要在 Z 方向的一条线上显示结果,请选择 Home 作为方向,以使显示屏平面为 X-Y 平面。

(b)在"变量图(Variation plot)"面板中单击"从屏幕(From screen)"。

(c)在图形窗口中单击鼠标左键以在所需线上指示一个点。生成的线将垂直于图形窗口的平面并通过所选点。

Airpak 将更新点和方向以反映线的定义。

• 从两个现有点对象定义线:

(a)在"变量图(Variation plot)"面板中单击"从点对象(From point objects)"。

(b)在"模型管理器(Model manager)"窗口中,从"后处理(Postprocessing)"节点中选择两个点对象。如果只有两个后处理点对象可供选择,Airpak 将自动使用它们。如果有两个以上的点对象,Airpak 将打开一个"选择(Selection)"面板,提示选择两个后处理点对象。选择的第一个点定义了初始点,方向被定义为从第一个点到第二个点的向量。

Airpak 将更新点和方向,以反映线的定义。

(3)单击"创建(Create)"来显示图。

生成变量图后,可以轻松放大图的特定部分。要缩放某个区域,可将鼠标指针放在要缩放区域的一角,按住鼠标左键并拖动打开选择框窗口至所需的大小,然后释放鼠标按钮。所选区域将填充绘图窗口,并对轴进行适当的更改。放大区域后,单击"全范围(Full range)"按钮以将图形还原为其原始轴和比例。

在图窗口的底部有几个用于控制图外观的选项:

X log 将水平轴转换为对数刻度。

Y log 将垂直轴转换为对数刻度。

Symbols 在图中线上显示数据点。

Lines 显示绘制的线。

X grid 在图上显示垂直网格线。

Y grid 在图上显示水平网格线。

生成变量图后,可能需要将数据曲线保存到文件中,以便下次在 Airpak 中查看此模型时可以重新使用它,或使用其他后处理软件查看结果,如 Origin。要将变量图数据保存到文件中,请单击变量图窗口底部的"保存(Save)"按钮,在出现的"保存曲线(Save curve)"对话框中输入文件名,然后单击"接受(Accept)"以保存文件。

要将曲线数据读回 Airpak,可单击变量图窗口底部的"加载(Load)"按钮。在出现的"加载曲线(Load curve)"对话框中输入适当的文件名,然后单击"接受(Accept)"以加载数据。

4.6.10 定义报告

Airpak 提供了创建求解结果报告并将其保存到文件或报告窗口中的工具。这些报告表示了位于模型设定区域内所有网格节点的一些变量。这些报告还包括该区域内变量的最小值和最大值。设定区域可以是整个模型、一个长方体区域、一个或多个建模对象的面或模型中的点。还可以创建特性曲线风机的风机工作点、室内空气质量、热舒适水平及模型中特定区域空气扩散性能指标(ADPI)的报告。

下面列出了可用于报告的变量及报告每个变量的格式。对于总结报告(Summary report),变量的计算平均值为基于面积的平均值。对于完整报告(Full report),Airpak 以变量节点计算值的算术平均值作为平均值。

变量 X 方向速度(UX),Y 方向速度(UY),Z 方向速度(UZ),速度(Speed),压力(Pressure),温度(Temperature),湍流动能(TKE),湍流耗散率(Epsilon),黏度比(Viscosity ratio),X 坐标值(X),Y 坐标值(Y),Z 坐标值(Z),平均空气龄(Mean age of air),辐射温度(Radiation temp),相对湿度(Relative humidity),角偏差(Angular deviation),预测不满意百分比(PPD),预测平均评价(PMV),摩尔组分(species(mole)),质量组分(species(mass))的报告格式如下:

1. 节点数

2. 变量的最小值、最大值和平均值

3. 节点号,X、Y、Z,值(如果在"完整报告(Full report)"面板中取消选择"仅摘要(Only summary information)"则显示)

热流密度(Heat flux)的报告格式如下。

1. 总热流密度

2. 表面积

3. 节点数

4. 热流密度的最小值、最大值和逐点平均值

5. 节点编号,X、Y、Z,值(如果在"完整报告(Full report)"面板中取消选择"仅摘要(Only summary information)"则显示)。

报告的热流密度逐点值($\dot{q}$)表示垂直于设定对象表面的热流密度。

热流量(Heat flow)、辐射热流量(Radiative heat flow)的报告格式如下。

1. 总热流量

2. 表面积

3. 节点数

4. 变量的最小值、最大值和逐点平均值

5. 节点编号,X、Y、Z 值(如果在"完整报告(Full report)"面板中取消选择"仅摘要(Only summary information)"则显示)。

质量流量(Mass flow)的报告格式如下。

1. 总质量流量

2. 表面积

3. 节点数

4. 最小值、最大值和质量流量的逐点平均值

5. 节点编号,X、Y、Z 值(如果在"完整报告(Full report)"面板中取消选择"仅摘要(Only summary information)"则显示)。

报告的逐点值表示垂直于设定对象表面的质量流量。

体积流量(Volume flow)的报告格式如下。

1. 总体积流量

2. 表面积

3. 节点数

4. 体积流量的最小值、最大值和逐点平均值

5. 节点编号,X、Y、Z 值(如果在"完整报告(Full report)"面板中取消选择"仅摘要(Only summary information)"则显示)。

报告的逐点值表示垂直于设定对象表面的体积流量。

传热系数(Heat tr. coeff)的报告格式如下。

1. 平均传热系数

2. 表面积

3. 节点数

4. 传热系数的最小值、最大值和逐点平均值

5. 节点编号,X、Y、Z 值(如果在"完整报告(Full report)"面板中取消选择"仅摘要(Only summary information)"则显示)。

传热系数(h)是相对于用户定义的参考温度(Ref temp)确定的。

速度(Velocity)的报告格式如下。

1. 节点数

2. 在 X、Y 和 Z 方向上的最小值、最大值和平均速度

3. 节点编号,X、Y、Z、u_x、u_y 和 u_z(如果在"完整报告(Full report)"面板中取消选择"仅摘要(Only summary information)"则显示)。

变量 u_x、u_y 和 u_z 分别代表 X、Y 和 Z 方向的速度。

可以使用"完整报告(Full report)"面板来自定义报告的结果。要打开完整报告面板,可在"报告(Report)"菜单中选择完整报告,如图 4-36 所示。

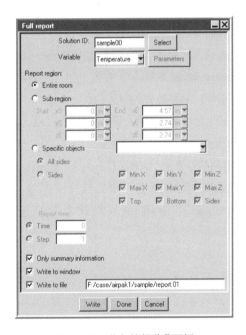

图 4-36 "完整报告"面板

要创建完整报告,步骤如下。

1. 在"求解 ID(Solution ID)"旁边,设定要生成报告解的名称。

2. 设定要报告的变量(Variable)。默认情况下,变量列表中选择的是温度,可从"变量(Variable)"下拉列表中选择一个新变量。

对于完整报告,变量的平均值为变量节点值的算术平均值。

3. 在"报告区域"下定义要生成报告的区域。Airpak 提供三个选项:

"整个房间(Entire room)":设定完整的模型区域。在网格的每个节点上报告变量的值。

"子区域(Sub - region)":设定模型的子域。如果只需要计算域的一部分,则必须设定描述子域的边界坐标。参数 xS,yS,zS,xE,yE 和 zE 设定长方体区域的起点和终点,其中 xS,yS,zS,xE,yE 和 zE 是子域的边界坐标(即 xS≤xE,yS≤yE 和 zS≤zE)。

"特定对象(Specific object)":为特定对象或一些其他对象生成报告。

(a)使用"特定对象(Specific object)"下拉列表设定建模对象。从 Airpak 模型的对象列表中选择一个对象名称,对象名称显示在文本字段中,还可以通过按住 <Control> 键并从列表中选择另一个对象来设定多个对象,此时"对象"文本字段中列出了多个名称,并用空格分隔。

(b)设定要在其中生成报告的对象部分。有两个选项:

"所有面(All sides)":设定整个对象。

"边(Sides)":设定要包含在报告区域中的对象的边。边选项包括最小 X(Min X),最大 X(Max X),最小 Y(Min Y),最大 Y(Max Y),最小 Z(Min Z),最大 Z(Max Z),顶部(Top),底部(Bottom)和侧面(Sides)。但是,只有适用于所选对象的那些选项才可用于定义。默认情况下,所有对象边均处于选中状态。

4.(仅适用于瞬态模拟)设定报告时间(Report time),该时间是瞬态分析中写入报告所在的时间。可以将时间设定为特定时间或时间步长。

5. 在"完整报告(Full report)"面板底部的下列选项中进行选择。

"仅总结信息(Only summary information)":在报告中仅包括总结信息。

"写入窗口(Write to window)":将报告写入到 Report 窗口。

"写入文件(Write to file)":可将报告写入到文件。Airpak 为文件分配了默认名称,但是可以用自定义名称覆盖它。

6. 单击"写(Write)"创建报告,单击"取消(Cancel)"关闭面板而不创建报告,或单击"完成(Done)"将定义存储在面板中并关闭面板。如果修改了模型(不关闭当前的 Airpak 会话)并重新打开"完整报告(Full report)"面板,则其默认参数和定义将是当前设定的参数和定义。

第5章 基本算例

5.1 房间通风的模拟算例

本节主要介绍一个简单的房间稳态通风算例,通过此算例的演示可以掌握 Airpak 软件的基本操作,熟悉 Airpak 计算问题时的主要流程。

算例要展示的是房间稳态通风问题,通风房间模型如图 5-1 所示,包括一个恒温的送风口、一个排风口和墙壁。房间的尺寸为 4.5 m×2.7 m×2.7 m,送风口的尺寸为 0.9 m×0.5 m,排风口的尺寸为 0.8 m×0.4 m。送入新风温度为 20 ℃,墙壁为恒温 28 ℃。送风速度为 1 m/s。惯性力、浮力和湍流混合的相互作用直接影响送风的穿透力和运动轨迹。

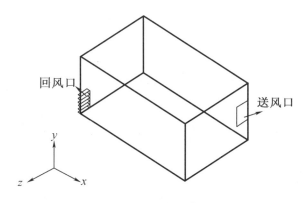

图 5-1 通风房间布置图

此算例将遵循以下步骤进行计算:
- 创建房间
- 设置基本参数
- 将通风口、洞口和墙模型对象添加到房间中
- 生成模型摘要
- 创建网格
- 计算解决方案
- 检查结果

1. 创建房间

双击 Airpak 图标,启动 Airpak 软件,Airpak 会自动弹出"New/existing"窗口,如图 5-2 所示。点击"New"按钮,会弹出"New project"窗口,如图 5-3 所示。选择保存的文件夹位置,输入项目名称 sample,点击"Creat"创建项目。Airpak 会自动创建一个默认为 10m×10m

×3m 的房间,双击模型树中"Room",会弹出"Room"窗口,如图 5-4 所示。点击"Room"窗口上方"Geometry"标签,修改下方房间的尺寸,即房间的起始位置,最后点击下方的"Down",更新模型信息并退出"Room"窗口。

用户可以先使用鼠标进行操作练习,按住鼠标左键,以鼠标所在位置最近的点为旋转中心进行旋转,按住鼠标滚轮可以移动模型,通过鼠标滚轮滚动可以放大缩小模型。

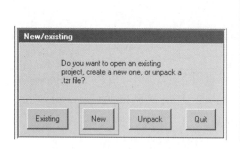

图 5-2 "New/existing"窗口

图 5-3 "New project"窗口

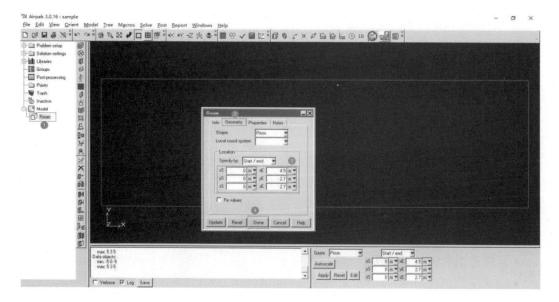

图 5-4 "Room"窗口

2. 设置基本参数

打开模型树中"Problem setup"文件夹,双击模型树中 Basic parameter,弹出 Basic parameter 窗口,如图 5-5 所示。可以查看上方 General setup,Default values,Transient setup,Advanced 标签中是否有需要修改的内容,修改后点击"Accept"接受这些修改。

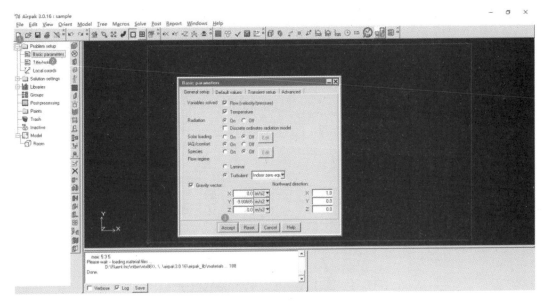

图 5-5 设置基本参数

3. 向房间中添加 opening、vent 和墙的模型

单击模型工具栏中 按钮,会在模型树下创建一个 opening.1 的送风口。双击 opening.1 模型,会弹出"Openings"窗口,如图 5-6 所示。点击标签栏上方的"Geometry"标签,修改 opening.1 送风口的位置,将 plane 修改为 Y-Z 平面,并在下方"location"位置处修改送风口位置。在"Openings"窗口中点击上方"Properties"标签,修改送风温度为 20 ℃,在下方速度选项中勾选 X velocity,并设置 X 方向送风速度为 -1 m/s,如图 5-7 所示。点击"Done",完成 opening.1 参数的修改。

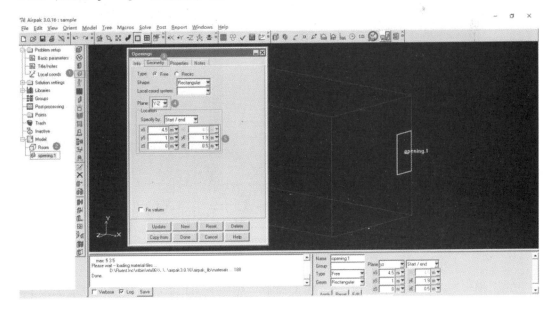

图 5-6 "Openings"窗口

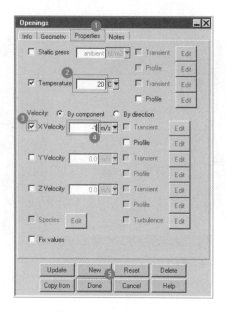

图 5-7 修改 Openings 参数

单击"模型"工具栏中 按钮,会在模型树中创建 vent.1 的排风口,双击模型树中 vent.1 排风口,会弹出"Vents"窗口,如图 5-8 所示。单击选择"Geometry"标签,修改模型位置,设置 Plane 为 Y-Z 平面,在"Location"中修改 vent.1 排风口的位置。由于此案例中不考虑排风口其他参数设置,因此点击下方"Done",完成排风口 vent.1 设置。

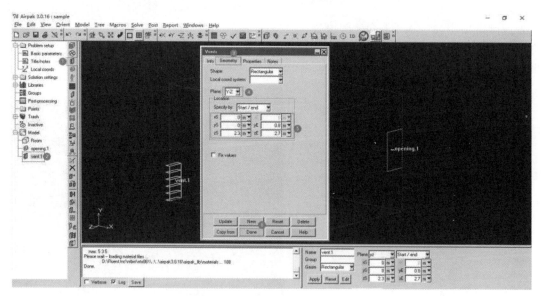

图 5-8 新建一个 Vents

单击"模型"工具栏中 按钮,会在模型树下生成一个 wall.1 的墙模型。双击 wall.1 墙模型,会弹出"Walls"窗口,在"Info"标签下,修改 Name 为"wall-floor",点击下方的"Update",保存修改,如图 5-9 所示。在"Geometry"标签下修改 Plane 为 x-z 平面,在下方

"Location"中指定 wall – floor 的起始位置,点击下方的"Update",保存修改,如图 5 – 10 所示。在"Properties"标签下,在"Thermal data"中选择"Outside temp",并修改外部温度为 28℃,点击下方的"Down",保存修改并退出,如图 5 – 11 所示。

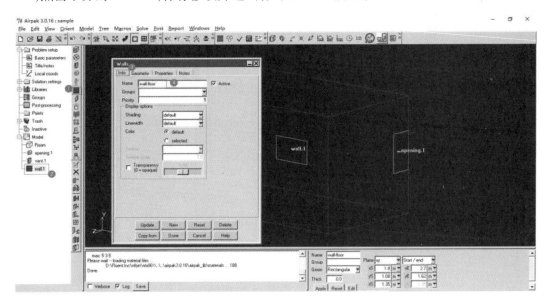

图 5 – 9 新建一个 Walls

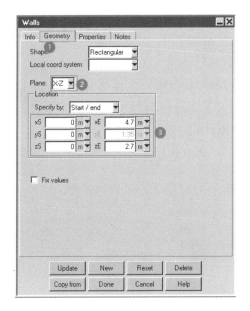

图 5 – 10 调整 Walls 的几何

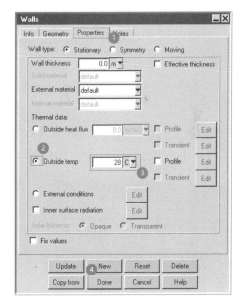

图 5 – 11 调整 Walls 的参数

在右侧模型树下选择 wall – floor 墙对象,点击鼠标右键,选择"Copy object",此时会弹出"Copy wall wall – floor"窗口,选择下方的"Translate",在"Y offset"中修改 Y 方向上的偏移为 2.7 m,点击"Apply"应用,如图 5 – 12 所示。双击模型树下新复制的 wall – floor.1,在弹出的"Walls"窗口中,修改名称为 wall – ceiling,如图 5 – 13 所示。

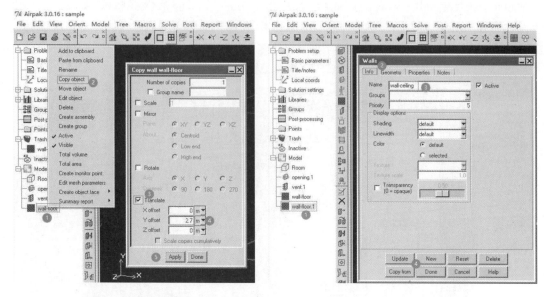

图 5-12 复制墙　　　　　　　　　图 5-13 修改复制墙的名称

同理,单击模型工具栏中 ▇ 按钮,会在模型树下生成一个 wall.1 的墙模型。双击 wall.1 墙模型,会弹出"Walls"窗口,在"Info"标签下,修改 Name 为"wall - back",点击下方的"Update",保存修改。在"Geometry"标签下修改 Plane 为 Y - Z 平面,在下方"Location"中指定 wall- back 的起始位置,点击下方的"Update",保存修改,如图 5 - 14 所示。在"Properties"标签下,在"Thermal data"中选择"Outside temp",并修改外部温度为 28℃,点击下方的"Down",保存修改并退出。

然后复制 wall - back 墙,创建 wall - front 墙。在右侧模型树下选择 wall - back 墙模型,点击鼠标右键,选择"Copy object",此时会弹出"Copy wall wall - back"窗口,选择下方的"Translate",在"X offset"中修改 X 方向上的偏移为 4.5m,点击"Apply"应用。

同理,创建 wall - left 和 wall - right 墙,wall - left 的模型位置如图 5 - 15 所示。

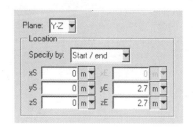　　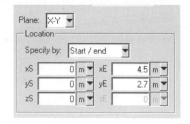

图 5-14 调整 wall - back 的模型　　　　图 5-15 调整 wall - left 的模型

4. 计算辐射

在"Model"菜单栏下,点击"Radiation",此时弹出"Form factors"窗口,如图 5 - 16 所示。点击下方的"All"按钮,选中全部的 object 计算方位角,点击"Compute"按钮,此时会自动计算所有的方位角,窗口中"Display values"标签下显示已计算辐射的 object,点击"Close",关闭窗口。

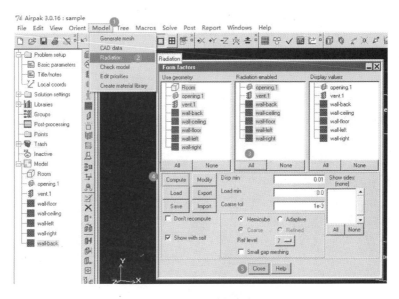

图 5-16 计算辐射的角系数

5. 生成网格

在"Model"菜单栏下,点击"Generate mesh",此时弹出 Mesh control 窗口,如图 5-17 所示。点击下方的 Generate mesh 按钮,Airpak 将会自动生成较为粗糙的网格。本案例只是演示基本流程,不对网格加密。点击"Close"按钮关闭窗口。

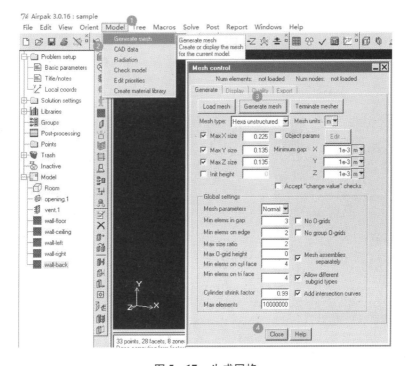

图 5-17 生成网格

6. 求解计算

在"Solve"菜单栏下,选择"Setting",继续选择"Basic",此时弹出"Basic settings"窗口,如图 5-18 所示。修改最大迭代步数为 1 000 步,点击"Reset",Airpak 将会计算雷诺数,并将计算结果输出至消息栏中。点击"Accept"保存修改。

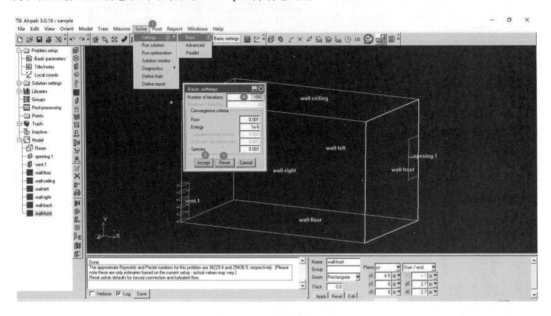

图 5-18 设置迭代步数

"在 Solve"菜单栏下,选择"Run solution",此时会弹出"Solve"窗口,如图 5-19 所示。在"Advance"标签下,设置每 500 步保存一次结果。点击"Start solution"按钮。Airpak 将开始写入 case 和 dat,并自动调用 Fluent 开始计算,此时会自动弹出残差监测窗口,如图 5-20 所示。计算结束后,在残差监测窗口中点击"Done"按钮。Airpak 会自动关闭残差监测窗口。

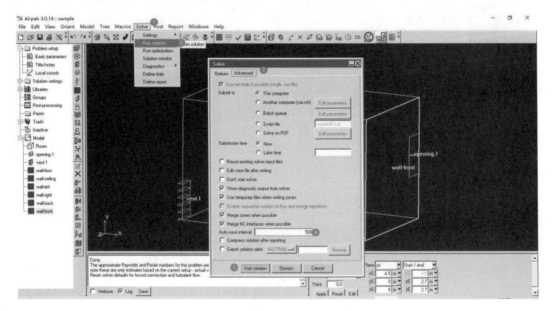

图 5-19 设置自动保存步数

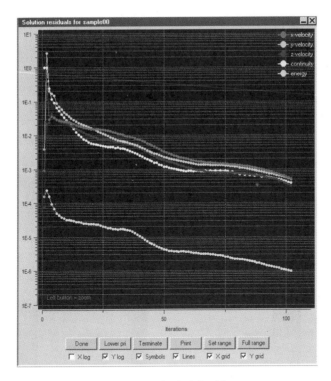

图 5-20　求解残差监测窗口

7. 检查结果

点击"Post"菜单栏下"Object face",此时会弹出"Object face"窗口,如图 5-21 所示。在"Object"中选择 vent.1,点击下方的"Accept"按钮,保存选择。

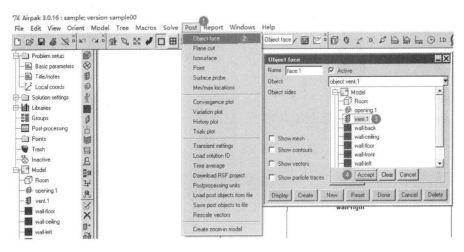

图 5-21　创建一个对象面

选择"Object face"窗口中"Show contours"选项,点击其右方的"Parameter"按钮,此时会弹出"Object face contours"窗口,如图 5-22 所示。在"Contours of"下拉列表中选择"Temperature",点击窗口下方的"Apply"按钮,Airpak 图形窗口中会显示排风口处的温度云图。

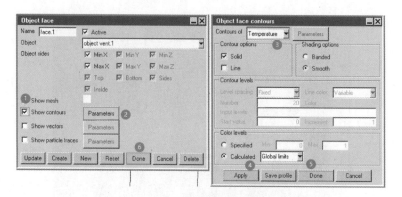

图 5-22 对象面参数设置

在"Orient"菜单栏中选择"Orient negative X",如图 5-23 所示,并适当调整图形位置可以看出排风口处温度分布,如图 5-24 所示。

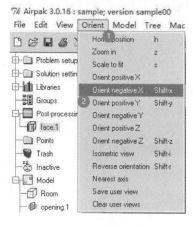 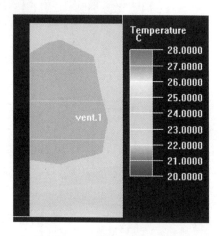

图 5-23 调整视图方向　　　　图 5-24 对象面上温度云图

在右侧模型树"Post-processing"下选中 face.1,点击鼠标右键,在弹出的选项中,点击 Active,Airpak 会隐藏当前表面云图,如图 5-25 所示。

图 5-25 取消激活对象面 1

在"Post"菜单栏中选择"Plane cut"选项,会弹出"Plane cut"窗口,如图 5-26 所示。在"Plane loction"处,选择"Y plane through center",点击右侧的"Update"更新位置信息。

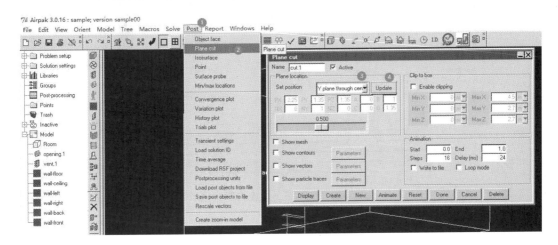

图 5-26　创造一个切平面

在"Plane cut"面板中,选择"Show vectors",点击右侧的"Parameters",打开"切平面矢量图"面板,如图 5-27 所示。保持默认设置,单击"Apply"按钮,展示当前显示的矢量图,如图 5-28 所示。单击"Down",退出"切平面矢量图"面板。

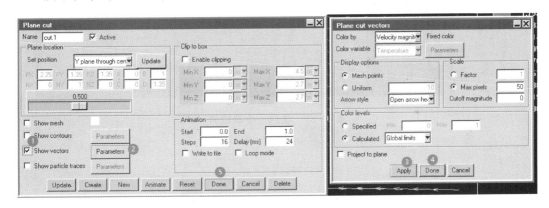

图 5-27　设置切平面上速度矢量图

在"后处理"菜单栏中,选择"Isosurface"选项,将打开"等值面"面板,如图 5-29 所示。保持"变量(Variable)"下拉列表中为温度(Temperature),在下方值窗口输入 22。选中下方的"Show contours",单击下方的"创建(Create)"按钮,即新建一个等值面图,如图 5-30 所示。单击"Done"退出"等值面"面板。

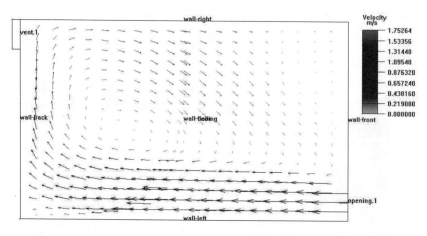

图 5-28 切平面上速度矢量图显示

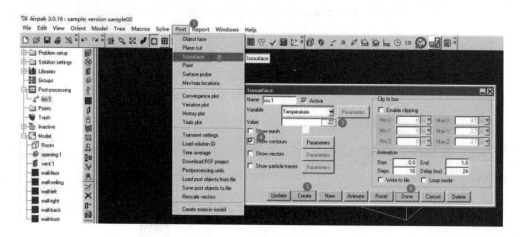

图 5-29 创造一个等值面

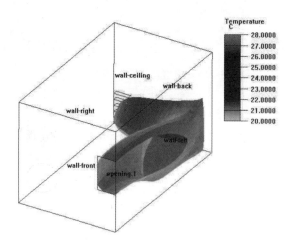

图 5-30 显示等值面

5.2 通风条件下室内污染物分布的模拟算例

本算例针对某实验室进行的室内污染物浓度分布试验工况进行模拟。房间模型如图 5-31 所示,房间采用在顶棚设置的圆形平板布风器向室内送风,回风由设在地板上的四个回风口排出室外。房间的尺寸为 4.8 m×3.3m×2.8 m,送风口的颈部尺寸为 0.1 m,回风口的尺寸为 0.6 m×0.6 m。送风中苯污染物的浓度为 0.5 mg/m³,送风速度为 2 m/s。室内初始时均匀分布的苯浓度为 2 mg/m³。采用 Airpak 软件对通风条件下室内污染物浓度随时间的变化及其分布进行模拟。描述流场的数学模型还须附加组分输运模型。

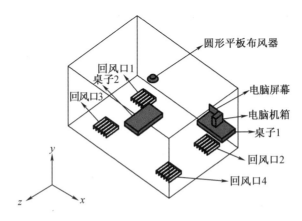

图 5-31 实验房间布置图

1. 创建项目

打开 Airpak 后,单击"New"新建一个项目,命名项目名称为 pollution,单击"Creat"完成项目创建。按表 5-1 修改房间尺寸。

表 5-1 各个对象尺寸

名称	类型	形状	模型尺寸/m			坐标/m					
						起始点坐标			终止点坐标		
			X	Y	Z	xS	yS	zS	xE	yE	zE
room	room	长方体	4.8	2.8	3.3	0	0	0	4.8	2.8	3.3
table1	blocks	长方体	1.18	0.2	0.64	3.52	0.62	0	4.7	0.82	0.64
table2	blocks	长方体	0.64	0.2	1.18	1.79	0.62	1.23	2.43	0.82	2.41
screen	partitions	矩形	0.4	0.3	——	3.53	0.9	0.1	3.93	1.2	
computer	blocks	长方体	0.17	0.4	0.35	4	0.82	0.1	4.17	1.22	0.45
openings	openings	圆形	0.1			2.4	2.8	1.65	——		
plate	partitions	圆形	0.18			2.4	2.7	1.65			

表 5-1（续）

名称	类型	形状	模型尺寸/m			坐标/m					
						起始点坐标			终止点坐标		
			X	Y	Z	xS	yS	zS	xE	yE	zE
vent1	vents	矩形	0.6	——	0.6	0.6	0	0.3	1.2	——	0.9
vent2	vents	矩形	0.6	——	0.6	3.6	0	0.3	4.2	——	0.9
vent3	vents	矩形	0.6	——	0.6	0.6	0	2.1	1.2	——	2.7
vent4	vents	矩形	0.6	——	0.6	3.6	0	2.1	4.2	——	2.7

2. 设置基本参数

在右侧模型树中"Problem setup"下，双击"Basic parameters"选项，打开"基本参数设置"面板。由于房间内主要为对流，辐射作用不明显，因此在"基本设置"选项卡下关闭辐射模型。由于涉及组分输运模型，因此选择组分右侧的"On"，单击"On"右侧的"编辑"按钮，打开"组分定义"面板，如图 5-32 所示。在组分下选择空气和苯，设置苯的初始浓度为 $2e-6$ kg/m³，设置完组分后，单击"Accept"，完成组分的定义。从"湍流"下拉列表中选择两方程模型，"基本设置"选项卡如图 5-33 所示。

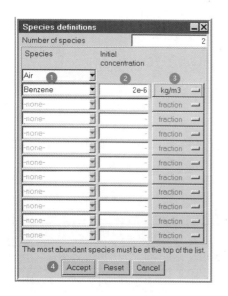

图 5-32 "组分定义"面板

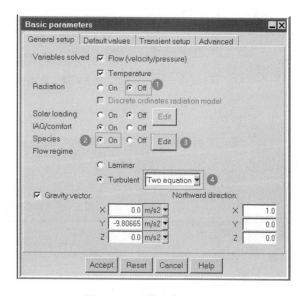

图 5-33 "基本参数"面板

在"瞬态设置"选项卡中，修改时间变化为瞬态，修改结束时间为 1 800s。单击"瞬态"右侧的"编辑参数（Edit parameter）"按钮，打开"瞬态参数"面板，如图 5-34 所示，保持每 10 步保存一次。在下方选择变化的，选择分段常数的时间步长。在下方分段值中输入时间步长，如图 5-34 所示。

在"Basic parameters"面板的高级选项卡中，选中理想气体定律和操作密度，单击"Accept"接受在"基本参数"面板中的所有修改，如图 5-35 所示。

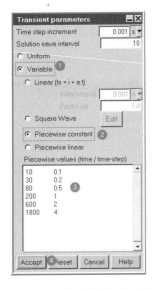

图 5-34 "瞬态参数"面板

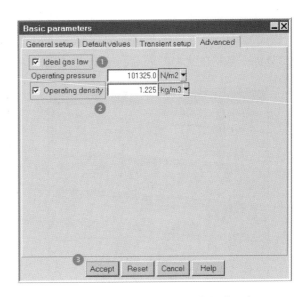

图 5-35 "基本参数"面板高级选项卡

3. 房间中其他模型的设置

在房间中添加的其他各模型尺寸见表 5-1。

定义送风口 Opening 处速度和浓度的方法如下。在"参数"选项卡中,选择 Y 方向的速度,设置速度大小为 -2m/s。其中" - "表示速度方向与 y 轴正向相反。选中"组分(species)"按钮,单击右侧的"编辑(Edit)",打开"组分浓度(Species concentrations)"面板,如图 5-36 所示。设置送风口处浓度为 5e -7kg/m³,即送风中苯的浓度即为环境中的苯浓度 0.5mg/m³,单击"Done"完成风口处的组分设定。在"Openings"面板中单击"Done",完成送风口处参数的定义,如图 5-37 所示。

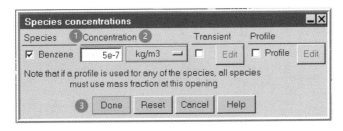

图 5-36 "组分浓度"面板

定义电脑散热量的方法如下,双击模型树下的"computer",弹出"块(Blocks)"面板,在参数选项卡热定义栏中选择固定热量,在总热量中设置热量为 100W,单击"Down"完成修改,如图 5-38 所示。

4. 生成网格

选中 opening.1,按住 Ctrl 键,再选中 plate,单击鼠标右键,在弹出的选项中选择"Create assembly",创建一个集。右侧模型树中会多出一个 assembly.1,展开后会发现里面包含了 opening.1 和 plate,双击 assembly.1 后,会弹出"Assemblies"面板,选择"Mesh separately",在

"Slack"选项中设置尺寸,如图 5-39 所示,即在此集的 X、Y、Z 各个方向上划出一部分区域,用于生成局部的网格。在下方选中 Max X、Max Y、Max Z,依次设置局部网格的最大尺寸。单击"Done"完成在此集的局部网格定义,如图 5-39 所示。

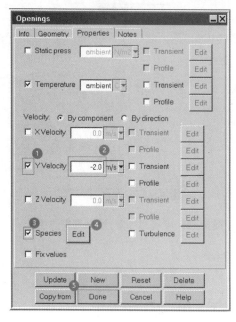

图 5-37 "Openings"面板"参数"选项卡

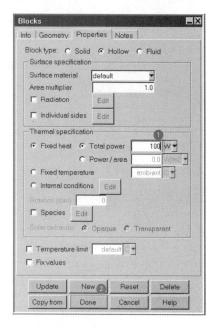

图 5-38 "块"面板"参数"选项卡

在"模型"菜单栏下选择"Generate mesh"或单击工具栏中按钮,打开"网格控制(Mesh contral)"面板,修改全局各个方向上的最大网格尺寸,如图 5-40 所示。单击"生成网格(Generate mesh)"按钮生成一个初步的网格。

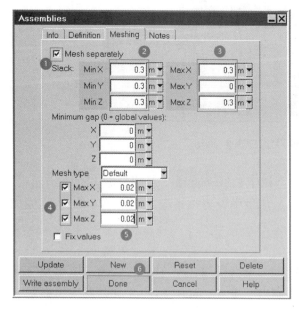

图 5-39 "集面板网格"选项卡

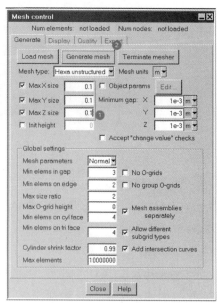

图 5-40 "网格控制"面板

在"网格控制"面板中,选择"Quality"选项卡,选择"Quality",可以看到"消息"窗口显示出按 quality 标准的网格质量和按 face alignment 标准的网格质量,如图 5-41 所示。

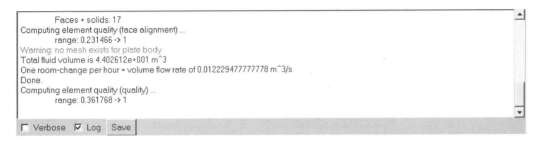

图 5-41 "网格质量显示"窗口

在"网格控制"面板中,选择"Quality"下的"Face alignment",在下方的最大(Max)值处输入 0.3,按回车键,将会显示出网格质量在 0.3 以下的数量直方图,如图 5-42 所示。选中这些直方,会在模型中显示出这部分网格的位置和形状,可以看到这些较差的网格在屏幕附近,如图 5-43 所示。

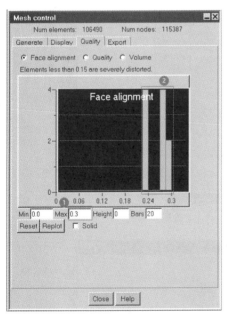

图 5-42 "网格控制"面板"质量"选项卡

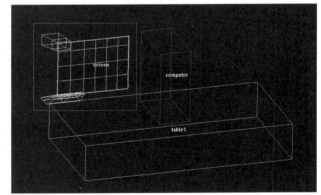

图 5-43 屏幕处网格

在"网格控制"面板中,选择"Display"选项卡,如图 5-44 所示。选中"Display mesh",选择下方的"Surface"和"Selected objects",在选中对象的表面显示网格。在模型树下选中"screen",可以看到屏幕表面的网格,如图 5-43 所示,因此可以在屏幕处局部加密网格,使之有更好的网格质量。

在"网格控制"面板中,选择"Generate"选项卡,选中"object params",单击右侧的"编辑(Edit)"按钮,打开"Per - object meshing parameters"面板,如图 5-45 所示。选中左侧的"screen"对象,在右侧激活"Use per - object parameters",激活下方的"X count"和"Y count",

在"Requested"下输入 8 和 6。可采用同样的方法在排风口处加密网格,选中 vent.1,在右侧激活"Use per – object parameters",激活下方的"X count"和"Z count",在"Requested"下输入 10。单击"Copy to",然后在左侧依次点击 vent.2、vent.3 和 vent.4,再次单击"Copy to",将 vent.1 处的网格设置复制到 vent.2、vent.3 和 vent.4 处,单击"Done"完成对象处局部网格的加密。

再次在"Generate"选项卡中点击"生成网格"(Generate mesh)按钮,此时再次查看网格质量,网格质量均在 0.4 以上。

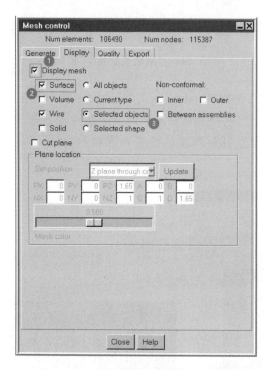

图 5 – 44 "网格控制"面板"显示"选项卡

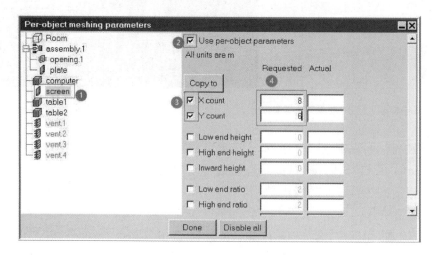

图 5 – 45 "对象网格参数"面板

5. 求解计算

在模型树中"Solution settings"下单击"Basic settings",弹出"Basic settings"面板,如图 5-46 所示。保持每个时间步内最多迭代 20 次,单击"Aceept"完成设置。

在模型树中"Solution settings"下单击"Parallel settings",弹出"Parallel settings"面板,如图 5-47 所示。选择并行(Parallel)运算,在进程数中输入 2,单击"Aceept"完成设置。

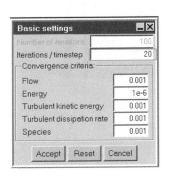

图 5-46 "基本设置"面板

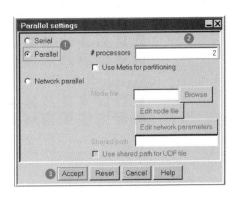

图 5-47 "并行设置"面板

在"求解"菜单栏下,单击"Run solution",弹出"求解(Solve)"面板,如图 5-48 所示。单击"开始计算(Start solution)"。

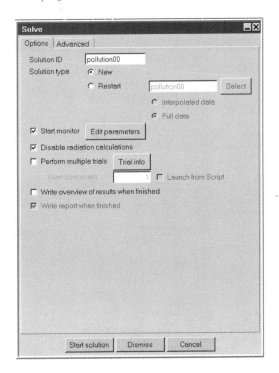

图 5-48 "求解"面板

6. 查看结果

在"View"菜单栏下,单击"Set background",弹出"Select the new background color"窗口,

在基本颜色中选择白色,单击确定按钮,如图 5-49 所示,更改背景颜色为白色。

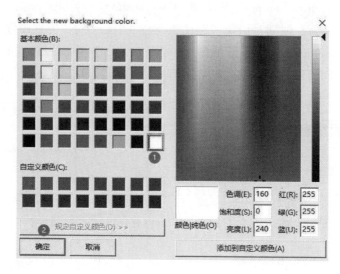

图 5-49　背景颜色设置

在"编辑"菜单栏中选择"Preferences",弹出"Preferences"窗口,如图 5-50 所示。单击"Dispay",在右侧选择图例数据的格式为浮点数,在数值显示精度处填入 2,单击"This project"在此项目中应用更改。

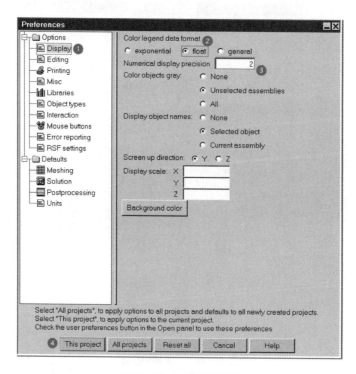

图 5-50　"预设"面板

单击工具栏中 按钮,打开"后处理时间(Post-processing time)"面板,如图 5-51 所示。选择时间值,设置时间为 600 s。

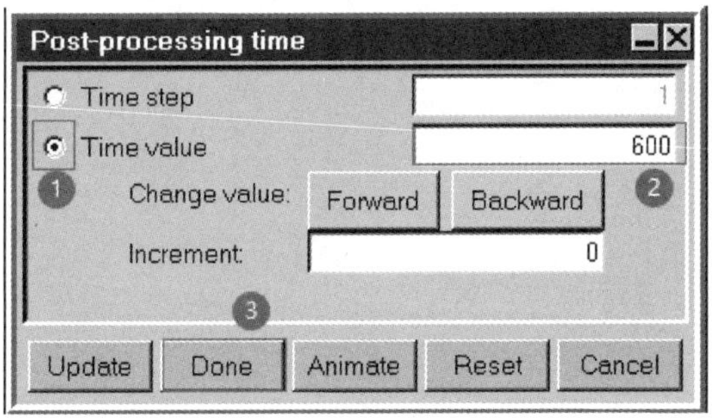

图 5-51 "后处理时间"面板

单击工具栏中 按钮,打开"Plane cut"面板,如图 5-52 所示。在"Name"中输入 z = 1.4_vvec。在"Set position"处选择"Z plane through center"。在下方选择"Show vectors",单击右侧的"parameters"按钮,弹出"Plane cut vectors"面板。在"Color levers"中选择"Calculated",并在下拉列表中选择"This object",单击"Apply"完成修改。在"Plane cut"面板中单击"Create",完成 z = 1.4m 处平面速度矢量图的创建,放大风口处的速度矢量图,如图 5-53 所示。

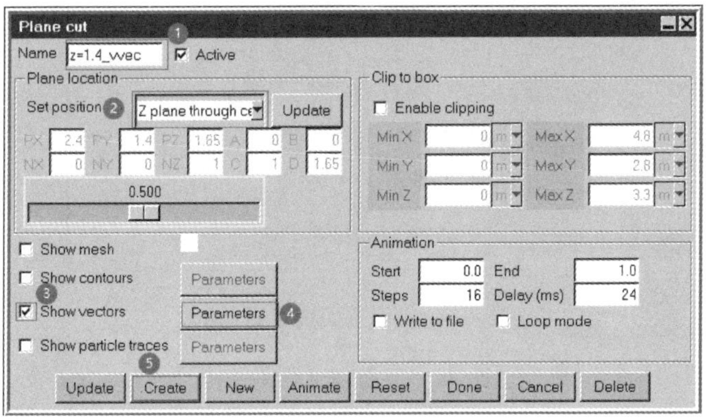

图 5-52 "切平面"面板

从图中可以看出,房间整体的速度偏小,要清晰显示 z = 1.4 m 大部分区域的流动,需要调整切平面矢量图的参数,单击"Show vectors"右侧的参数,弹出"切平面矢量图"面板,如图 5-54 所示。在"Scale"框中,选择"Factor",修改比例为 1.5,在"Cutoff magnitude"中输入 0.3,即在矢量图中只展示 0.3 m/s 以下的速度矢量,在"Color levels"框中选择"Specified",输入最小值为 0,最大值为 0.3,单击"Apply"确认修改。

此时切平面的云图如图 5-55 所示。查看后,在模型管理树下,选择 z = 1.4_vvec 切平面,单击鼠标右键,取消选择"Active",暂时隐藏该切平面。

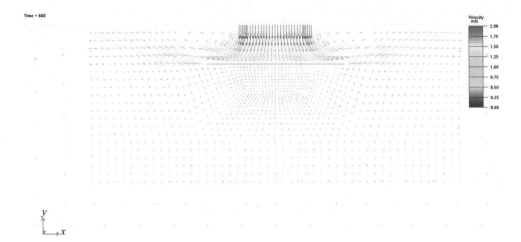

图 5-53 显示风口处速度矢量图

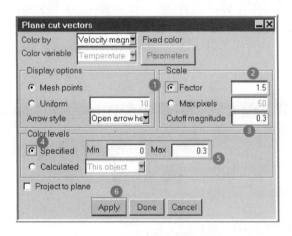

图 5-54 "切平面矢量图"面板

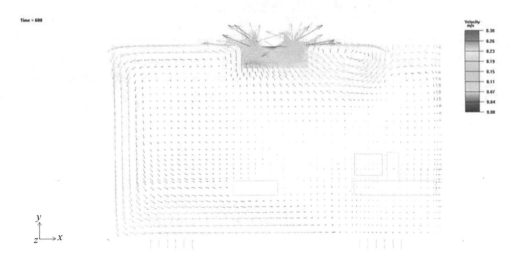

图 5-55 z=1.4 m 处速度矢量图

在后处理菜单下选择"Postprocessing units",弹出"Postprocessing units"面板,如图 5 – 56 所示。修改浓度单位为 ppmv,单击"Accept"接受修改。

单击工具栏中的切平面 按钮,打开"切平面"面板,如图 5 – 57 所示。在"Name"处输入 y = 2.7_ccon,在"Set positon"处选择"Y plane through center"。移动下方的滑块,"Set positon"处自动变为"Point and normal",此时在 PY 框中输入 2.7,即定位到 y = 2.7 m 平面。在下方选择"Show contours",单击右侧的"Parameters"按钮,弹出"Plane cut contours"面板,如图 5 – 58 所示。在"Color levers"中选择"Calculated",并在下拉列表中选择"This object",单击"Apply"完成修改。在"Plane cut"面板中单击"Create",完成 y = 2.7 m 处浓度云图的创建,如图 5 – 59 所示。

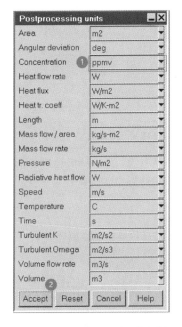

图 5 – 56 "后处理单位"面板

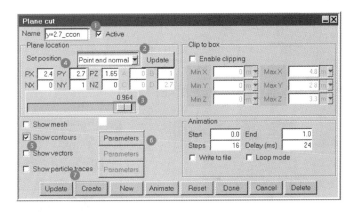

图 5 – 57 "切平面"面板

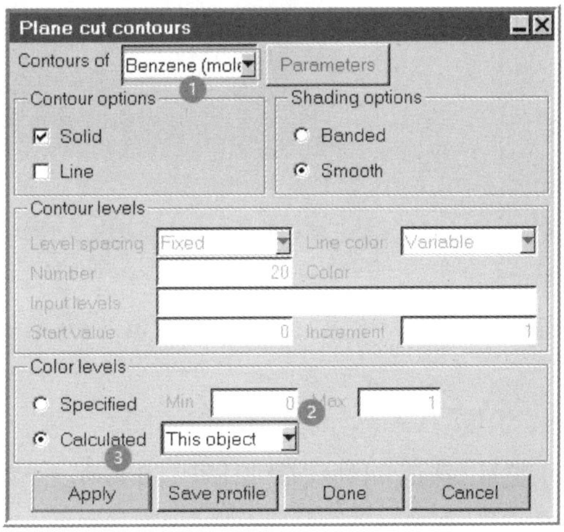

图 5 – 58 "切平面云图"面板

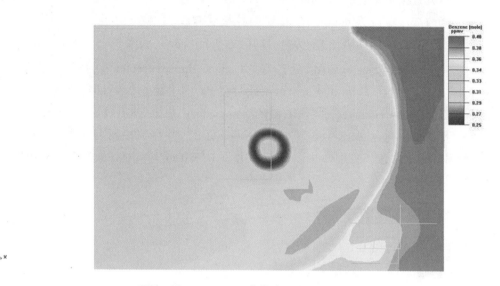

图 5-59　y = 2.7 m 苯浓度云图

单击工具栏中 ![VAR] 按钮,打开"Variation plot"面板,如图 5-60 所示。在"Variable"下拉列表中选择 Benzene(mole)变量,在"Point"处设置点为(0.9,0.0,0.6),在"Direction"处设置方向法向量为(0.0,1.0,0.0),单击下方的"Create"按钮,将会创建从点(0.9,0.0,0.6)沿 y 方向上浓度的变化图,如图 5-61 所示。

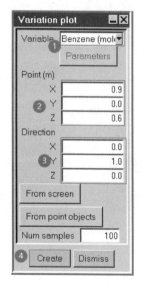

图 5-60　"变量图"面板

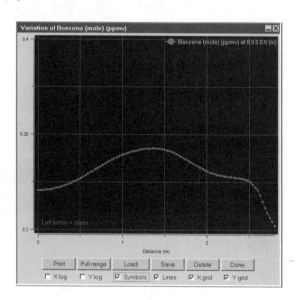

图 5-61　x = 0.9 m, z = 0.6 m 直线上浓度变化图

单击工具栏中 ![HIST] 按钮,打开"History plot"面板,如图 5-62 所示。在"Y variable"下拉列表中选择 Benzene(mole)变量,在时间处设置起始时间为 0,结束时间为 1 800 s。在"Add point to plot"处输入点为(0.9,0.0,0.6),单击"Coords",创建的点将会显示在右侧的列表

中。再次输入点为(2.4,0.3,1.5),单击"Coords",第二个点也将添加到右侧的列表中。单击下方的"Create"按钮,将会创建这两点浓度随时间变化的图,如图5-63所示。

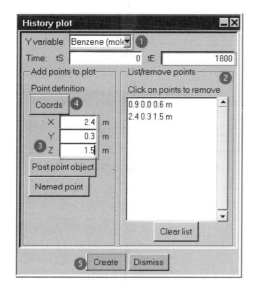

图5-62 历史图面板

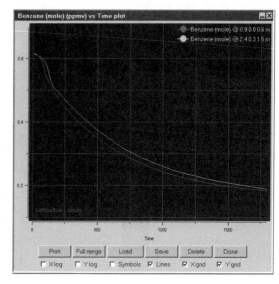

图5-63 两点浓度随时间的变化图

在"Benzene(mole)(ppmv) vs Time plot"窗口中,单击下方的"Save"按钮,可打开"Save curve"面板,如图5-64所示。在"File name"中输入文件名称后,将会保存一个ascii格式的文件,可用记事本打开,或导入到"Origin"等作图软件中进行处理。

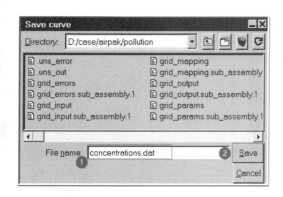

图5-64 "保存曲线"面板

在"Report"菜单下,单击"Full report",将会打开"Full report"面板,如图5-65所示。在"Variable"下拉列表中选择"Benzene(mole)"变量,在"Report region"中选择"Sub - region",设置起始点和终点如图所示,在"Report time"中设置时间为600 s,单击"Write"按钮,弹出"Full report for Benzene(mole)(ppmv)"窗口,即可在窗口中查看呼吸区的平均污染物浓度等,如图5-66所示。

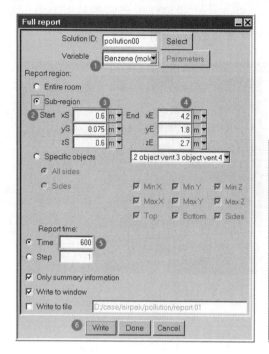
图 5-65　完整报告面板

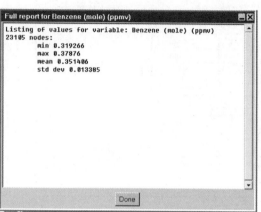
图 5-66　呼吸区污染物浓度报告

第6章 Airpak 软件应用实例

本章主要介绍 Airpak 软件在解决工程实际问题中的应用,通过对不同算例室内温度、速度、污染物浓度及各评价指标的计算与分析,可以看出软件在研究室内空气流动状态、室内空气品质及热舒适性等问题中的重要作用。

6.1 室内气流分布的评价指标

室内气流分布的评价指标有很多,主要可分为室内热舒适性指标、送风有效性指标、污染物排出有效性指标三大类,本节针对算例中采用的评价指标做简要介绍。

6.1.1 室内热舒适性指标

1. 不均匀系数

不均匀系数反映温度场和速度场的均匀性问题,即记录室内工作区内各个测点的温度和速度值,并计算 n 个测点的平均值:

$$\bar{t} = \frac{\sum t_i}{n}, \bar{u} = \frac{\sum u_i}{n} \tag{6-1}$$

式中 $\bar{t}$——平均温度,℃;
t_i——第 i 个测点的温度,℃;
n——测点数,个。

均方根偏差:

$$\sigma_t = \sqrt{\frac{\sum (t_i - \bar{t})^2}{n}}, \sigma_u = \sqrt{\frac{\sum (u_i - \bar{u})^2}{n}} \tag{6-2}$$

式中 $\bar{u}$——平均速度,m/s;
u_i——第 i 个测点的速度,m/s。

不均匀系数:

$$k_t = \frac{\sigma_t}{\bar{t}}, k_u = \frac{\sigma_u}{\bar{u}} \tag{6-3}$$

式中 σ_t——温度均方根偏差;
σ_u——速度均方根偏差;
k_t——温度不均匀系数;
k_u——速度不均匀系数。

由定义可知 k_t、k_u 的值越小,表示室内气流分布的均匀性越好。

2. PMV – PPD

通常采用 PMV(Predicted Mean vote)指标来评价室内热舒适性,PMV 被分为七个等级,见表 6-1。

表 6-1 PMV 值与热感觉分类

热感觉	热	暖	微暖	中性	微凉	凉	冷
PMV 值	+3	+2	+1	0	-1	-2	-3

由于不同人员的要求不同,即使 $PMV=0$,也不能保证所有人都对当前环境的热舒适性感到满意,由此提出了预测不满意百分率 PPD(Predicted Percentage of Dissatisfied)。国际标准 ISO7730 中推荐室内 PMV 值为 $-0.5 \sim 0.5$,$PPD \leqslant 10\%$。

6.1.2 送风有效性指标

1. 空气龄

空气年龄简单来说是指空气在室内某个测点停留的时间,其现实意义是指送入室内的新鲜空气替换室内原有旧空气的速率。测点 A 空气龄计算见式(6-4):

$$\tau_A = \frac{\int_0^\infty C(\tau)\mathrm{d}\tau}{C_o} \tag{6-4}$$

式中 C_o——测点 A 点的初始浓度值,%;

$C(\tau)$——瞬时浓度值,%。

室内空气平均年龄为:

$$\bar{\tau} = \frac{\int_0^\infty \tau C_p(\tau)\mathrm{d}\tau}{\int_0^\infty C_p(\tau)\mathrm{d}\tau} \tag{6-5}$$

式中,C_p 为排出的空气浓度,%。

2. 换气效率

换气效率 ε 计算见式(6-6):

$$\varepsilon = \frac{\tau_n}{\tau_y} \tag{6-6}$$

式中 τ_n——理论上最短的换气时间,s;

τ_y——实际换气时间,s;

τ_n 计算如下:

$$\tau_n = \frac{V}{Q} \tag{6-7}$$

式中 V——房间容积,m^3;

Q——房间通风量,m^3/s。

对于活塞流,室内任意一点 P 处空气的年龄与 P 点与送风口的距离呈线性关系,定义送

风口处空气龄为 0,则室内平均空气龄 A 为:

$$A = \frac{1}{2} \cdot \frac{V}{Q} = \frac{1}{2}\tau_n \tag{6-8}$$

理想置换情况下,换气效率计算公式见式(6-9):

$$\varepsilon = \frac{\tau_n}{2\tau_p} \times 100\% \tag{6-9}$$

式中 τ_p——室内局部区域换气时间,s;

ε——换气效率,%。

当式中 τ_p 为工作区域平均空气龄时,ε 表示工作区域的换气效率。换气效率越高,意味着送风过程中污染越少、空气品质越好;测点处的空气龄越小,则该测点的空气越好。

6.1.3 污染物排出有效性分析

污染物排除有效性的描述指标反映一定气流组织形式的污染物排除效果,也称为通风效率。通风效率 E 的表达式为:

$$E = \frac{C_p - C_o}{\overline{C} - C_o} \tag{6-10}$$

式中 C_p——回风口处的污染物浓度,%;

C_o——送风的污染物浓度,%;

$\overline{C}$——室内工作区的平均污染物浓度,%。

6.2 办公室应用辐射供暖加新风系统的气流组织研究

6.2.1 研究背景

节能性和舒适性是目前 HAVC 系统关心的两个重要的方面,辐射板系统的节能性和舒适性都已经被广泛地认可并且得到了大规模的应用。但辐射板系统偏重于温度调节,缺乏新风,室内无法有效除湿,排除污染物,采暖达不到调节室内湿度要求,因此必须与新风系统(DOAS)配合才能消除其缺点。

通过相关文献可以看出,部分学者对辐射板在办公楼中的应用进行了研究,但是对不同辐射板位置与不同送风方案两两组合后系统的综合评价研究却相对较少,并且在评价复合空调系统时缺少定量的评价,因此需要建立量化评价指标全面评价对比各方案的综合表现。

辐射板布置位置通常有 3 种,地面式、墙面式和顶面式;送风形式有置换送风、顶送风和上侧送风等多种形式,因此根据送风形式也可将 DOAS 分为 3 种类型,将 3 种布置位置的 RP 与 3 种送风形式的 DOAS 组合可以得到 9 种辐射板加新风系统方案。

为改善应用辐射板供暖系统的办公室内热环境,本研究以哈尔滨某办公室为研究对象,对其采用 9 种辐射板加新风系统方案进行数值模拟,分析在冬季工况下不同的辐射板布置位置和送风方式对办公室内热环境的影响,以期为辐射供暖加新风系统在办公建筑中的设计应用提供参考。

6.2.2 模拟计算

6.2.2.1 物理模型

选取哈尔滨市一尺寸为 4.35 m(长)×6.05 m(宽)×3.00 m(高)的 3 人办公室为研究对象,室内有 3 套办公桌椅、3 台电脑、3 个人。办公室的南面墙为外墙,其他墙均为内墙,南墙上设有 1 个外窗,尺寸为 1.5 m(宽)×1.5 m(高)。室内设置 1 个送风口、1 个回风口和 1 套辐射板系统。本研究考虑地面、墙面和顶面 3 种辐射板布置位置,3 种送风形式分别为:置换送风、顶送风和上侧送风,其中置换送风和上侧送风采用百叶风口,尺寸分别为 1.5 m×0.3 m 和 0.3 m×0.1 m,顶送风采用的是贴附平送型散流器,尺寸为 $\varnothing$2.5 m。回风口为格栅风口,尺寸为 0.6 m×0.3 m。9 个辐射板加新风系统方案的物理模型如图 6-1(a)~图(i)所示。

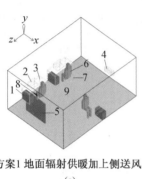
方案1 地面辐射供暖加上侧送风
(a)

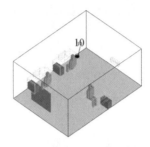
方案2 地面辐射供暖加顶送风
(b)

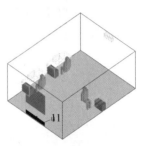
方案3 地面辐射供暖加置换送风
(c)

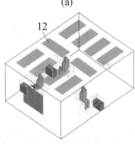
方案4 顶面辐射供暖加上侧送风
(d)

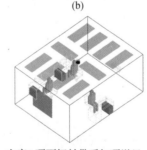
方案5 顶面辐射供暖加顶送风
(e)

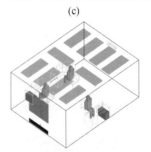
方案6 顶面辐射供暖加置换送风
(f)

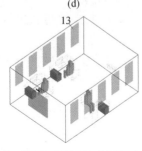
方案7 墙面辐射供暖加上侧送风
(g)

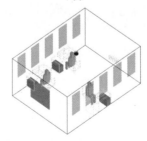
方案8 墙面辐射供暖加顶送风
(h)

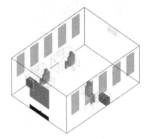
方案9 墙面辐射供暖加置换送风
(i)

1—电脑机箱;2—显示屏;3—办公桌;4—回风口;5—窗;6—人员;7—椅子;8—侧送风口;
9—地面辐射板;10—顶送风口;11—置换风口;12 顶面辐射板;13—墙面辐射板

图 6-1　9 个辐射板加新风系统方案的物理模型图

6.3.2.2 边界条件

入口与出口边界条件:送风口风量为 200 m³/h,送风不承担热负荷,因此送风温度为 18 ℃,将 CO_2 作为污染物,送风口 CO_2 浓度为 300 ppm;回风口的面积系数为 0.6,设置为压力出口边界条件,室外压力为 0 Pa,回风口与走廊相邻,室内设计温度为 18 ℃,考虑人员嘴部呼吸产生 CO_2 的速率为 0.005 L/s,温度为 37 ℃。

壁面边界条件:辐射板供暖功率为 1 107 W。外墙和外窗都给定第二类边界条件,外墙和外窗的热流密度分别为 54 W/m² 和 98 W/m²;经过其他墙面与外界没有热量交换,因此其他墙面均设为绝热壁面;人员表面散热功率为 73 W,电脑机箱散热为 60 W。各方案室内温度云图如图 6-2 所示。

6.3.2.3 数学模型

根据所研究问题的特点及前人的研究成果,本研究采用标准的 $k-\varepsilon$ 湍流模型和 DO 辐射模型对办公室进行模拟。为简化研究做以下假设:室内空气为低速流,可视为不可压缩流体;符合 Boussinesq 假设;室内空气为辐射透明介质;送风口空气速度、温度分布均匀。

对式守恒方程采用有限体积法(FVM)进行离散,选用 QUICK 格式,SIMPLEC 算法联接压力和速度,无滑移边界条件,流动方程、k 方程、ε 方程和组分方程收敛准则均为 10^{-3},动量方程收敛准则为 10^{-6},采用六面体非结构化网格,对风口处气流变化比较剧烈的地方进行局部加密,方案 1-9 网格数量分别为 116 958、148 790、131 189、115 890、151 778、133 284、126 608、182 449 和 128 288。各方案室内平均温度如图 6-3 所示。

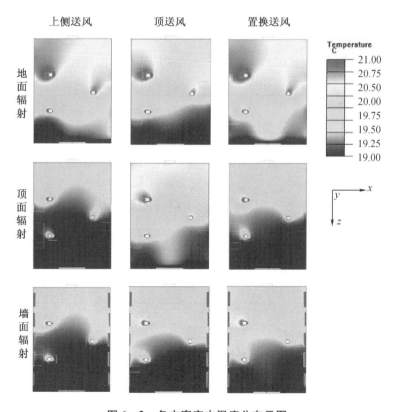

图 6-2 各方案室内温度分布云图

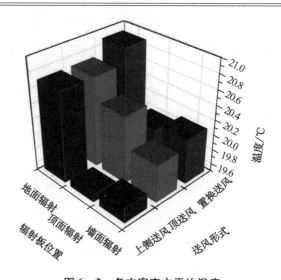

图 6-3　各方案室内平均温度

6.2.3　计算结果与分析

选取温度梯度和 PMV 作为描述热舒适性的参数、空气龄作为描述送风有效性的参数、污染物浓度作为描述污染物去除有效性的参数,下面分别对这些参数指标进行分析。因为 1.1 m 高度为人员坐着时呼吸的高度,所以下面各云图均截取 Y = 1.1 m 高度处的水平截面。

6.2.3.1　温度场分布

办公室几何中心垂直树上 0.1 m 至 1.9 m 高度区间内的温度曲线如图 6-4 所示。

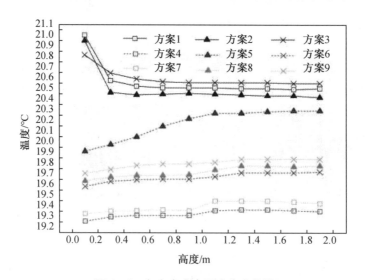

图 6-4　各方案室内温度分布曲线

从图 6-4 可以看出,9 种方案的垂直温度分布范围为 19.2 ℃ 至 21.0 ℃,温度梯度较小。地板辐射供暖时温度随高度增加递减,地面温度较高,0.1 m 处温度为 21.0 ℃,在高度

0.1 m 至 0.3 m 区间内温度迅速降至 20.6 ℃,0.3 m 至 1.9 m 区间内温度变化很小,在 0.1 ℃以内。采用顶面辐射供暖和墙面辐射供暖时温度随高度增加递增,除方案 5 温差为 0.5 ℃以内外,方案 4、6、7、8、9 温差都在 0.1 ℃以内。根据 ASHRAE 55 – 1992 标准,0.1 m 和 1.8 m 之间的温差不应大于 3 ℃。相比而言,地面辐射在靠近地面处温度梯度较大,这是因为 3 种送风方式气流对辐射表面的扰动较小,从而造成靠近地面处温度梯度稍大。而采用置换送风时温度梯度能有效减小,如方案 6 和方案 9 都有较小的温度梯度。墙面辐射加顶送风(方案 5)也具有较小的温度梯度,这是因为顶部送风贴附射流遇到墙面转而横略辐射板表面,使得辐射板表面气流扰动较大,增强了对流换热,从而温度梯度较小。但总体而言,9 种方案都满足温度梯度要求,因此可知辐射板加新风系统具有室内垂直温度梯度小的特点。

6.2.3.2 PMV 分布

计算 PMV 时的参数设置如下:衣服热阻为 1.5 clo,新陈代谢速率为 1met,机械运动量为 0,风速和空气温度等参数由模拟计算结果得出。9 种方案的室内 PMV 分布云图如图 6 – 5 所示。

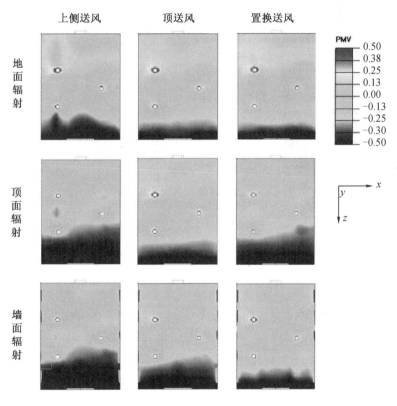

图 6 – 5　各方案室内 PMV 分布云图

从图 6 – 5 可以看出,地面辐射供暖的热感觉相比于顶面辐射和墙面辐射更温暖,大部分区域的 PMV 值大于 0.1。PMV 受温度影响较大,方案 1、2、3 和 5 温度较高所以他们的 PMV 也较高,但 PMV 同时受风速的影响,如方案 9(墙面辐射供暖加置换送风)的温度较低,由于置换送风气流速度较低,所以其室内的 PMV 也较高。方案 4、6、7 和 8 的 PMV 则相对较低,有较大区域的 PMV 值在 – 0.5 左右。

6.2.3.3 空气龄分布

空气龄是由 Sandberg 提出的概念,指空气进入房间的时间,能反映房间空气的新鲜程度。图 6-6 为 9 种方案的室内空气龄分布云图。

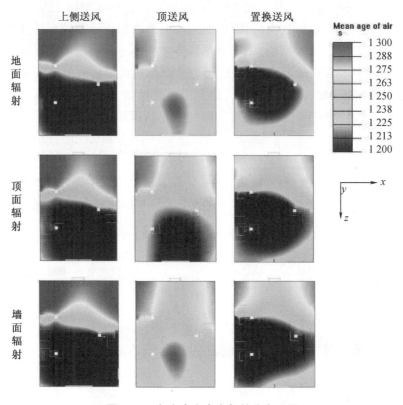

图 6-6 各方案室内空气龄分布云图

从图 6-6 可以看出,空气龄主要受送风方式的影响。蓝色区域的空气龄为 1 200 s 左右,为新鲜空气区域。各个方案送风量一致,因此各个方案室内的空气龄相差不大,都在 1 200 s 至 1 300 s 之间,差异主要体现在新鲜空气区域的面积和所在的位置。送风方式主要影响新鲜空气区域所在的位置,上侧送风(方案 1、4、7)的送风方向为 $-Z$ 方向,因此空气的新鲜程度沿 $-Z$ 方向递减;顶送风(方案 2、5、8)的送风方向为从顶部向四周平送,先流向四周墙壁壁面再回流至房间中心,因此新鲜空气区域处在房间中部,因为流动路径长,所以在呼吸区域空气龄相对较大;置换通风(方案 3、6、9)的气流慢速沿 $-Z$ 方向流动,在流动过程中温度上升,热浮升力使得气流向上流动,气流初速度和热浮升力的综合作用使得新鲜空气直接流过工作区域,所以在办公室人员附近的空气龄都较小,空气新鲜程度较高。辐射板布置位置对空气龄的分布起次要作用,主要影响新鲜空气区域面积的大小,例如方案 5 室内新鲜空气区域面积明显大于方案 2 和 8,方案 3、6 和 9 的新鲜空气区域面积大小也略有差别。

6.2.3.4 CO_2 浓度分布

9 种方案的 CO_2 浓度分布云图如图 6-7 所示。从图 6-7 可知,采用不同方案时的房间 CO_2 浓度均在 530 ppm 至 560 ppm 之间,影响污染物浓度分布的主要因素为送风方式。图 6-7 中蓝色区域为室内污染物浓度相对较低的区域,该区域的出现位置主要由送风方式决定,而污染物浓度较低区域的面积则受辐射板布置位置影响;红色区域为污染物浓度相对较高的区域,主要分布在人员附近。上侧送风污染物浓度较低区域出现在房间右下角区域,只有2位室内人员附近的污染物浓度较低;顶送风呼吸区域的浓度整体都比较高;置换送风3位室内人员附近的污染物浓度都较低,有较好的空气品质。

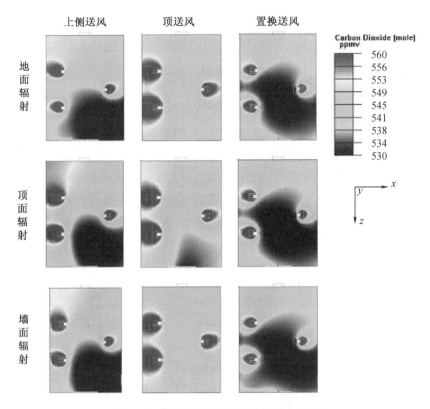

图6-7　各方案室内CO_2浓度分布云图

6.2.3.5　综合评价

层次分析法是一种通过量化评价指标来对不同方案进行对比的方法。本研究利用层次分析法对9个方案的气流组织进行评价,层次分析法可将与决策相关的元素分为目标、准则和方案,此处目标为气流组织最优方案,温度梯度、PMV、空气龄和CO_2浓度为气流组织评价准则,9个辐射板加新风系统方案为待评价的方案。

利用层次分析法决策问题时,可按如下四个步骤来进行:(1)建立层次结构模型;(2)相互比较各准则数对于目标的重要性,构造各层次中所有判断矩阵;(3)一致性检验,计算一致性指标CI,根据查得的一致性指标RI,计算一致性比例CR,CR = CI/RI,如果CR < 0.10则认为判断矩阵的一致性可以接受;(4)层次总排序及一致性检验,即得出各方案最终的权重,完成对目标的最终决策,同样需要做一致性检验。

辐射板加新风系统方案的气流组织评价模型如图6-8所示。

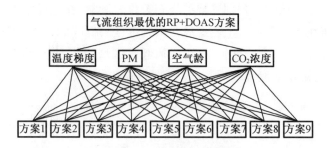

图6-8 气流组织评价模型

办公室属于普通民用建筑房间,因此更重视室内热舒适调节,空气龄反映室内整体空气新鲜程度,一定程度可以体现空气污染物去除能力,因此对于目标评价空气龄相较 CO_2 浓度更重要,通过构造判断矩阵,并经过判断矩阵一致性检验,得到温度梯度、PMV、空气龄和 CO_2 浓度四个评价指标的权重分别为:0.243 5、0.514 9、0.144 8、0.096 8。根据计算结果,对比各方案的评价指标,得到方案 1-9 的最终权重为:0.099 2、0.120 1、0.175 4、0.077 7、0.098 9、0.106 4、0.077 4、0.072 6、0.172 2,通过柱状图图 6-9 可更加明显地看出各个方案的权重排序。

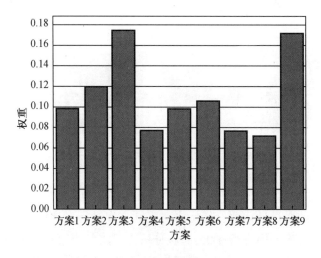

图6-9 各方案权重柱状图

由图 6-9 可知,方案 3(地面辐射加置换送风)和方案 9(墙面辐射加置换送风)相对于其他方案有较大的优势。地面辐射和墙面辐射有利于创造良好的热环境,提供良好的舒适性,冬季置换送风有利于创造良好的室内空气品质,适当地布置辐射板并与合适的送风方式结合,便可使室内热环境和空气品质同时达到最优。

6.2.4 结论

本研究首先采用 CFD 方法分析了室内温度场、PMV 及空气龄等指标的分布,在此基础上,利用层次分析法对各方案的气流组织进行综合评价,最终得出最佳的辐射板加新风系统方案,得出的主要结论如下。

(1)在采用辐射板加新风系统的办公室房间内,室内温度分布主要受辐射板布置位置影响,送风方式起次要作用。

(2)在采用辐射板加新风系统的办公室房间内,室内空气龄和污染物浓度主要受送风方式的影响,辐射板布置位置起次要作用。送风方式决定新鲜空气区域所在的位置,辐射板布置位置对新鲜空气区域面积的大小有一定的影响。

(3)通过各个指标的综合对比,得出冬季工况下气流组织较优的辐射板加新风系统方案为地面辐射供暖加置换送风和墙面辐射供暖加置换送风。这两种方案均可以同时创造良好的室内热环境和空气品质。

6.3 孔板送风房间内污染物分布的模拟研究

6.3.1 研究背景

随着经济的发展,人们对室内装修的要求不断提高,各种新型材料在室内装饰装修中的广泛采用,导致室内空气品质开始恶化,已经严重威胁到室内人员的身心健康。因此,解决室内空气污染问题日益受到人们的关注。空调系统的送风对室内污染物可以起到去除或稀释的作用,在送风过程中,污染物浓度的变化规律与分布情况可以通过实验与数值模拟的方法来研究。本研究以某一采用孔板送风的实验房间为研究对象,通过数值模拟的方法,研究孔板送风过程中实验房间内污染物 TVOC 浓度的分布规律,在进行孔板送风口的边界条件处理时,采用了两种不同形式的简化,并将实验数据与两种模拟结果进行比较,从而验证所建模型的正确性。

6.3.2 模拟计算

6.3.2.1 物理模型

以哈尔滨工程大学人工环境实验室的空调房间作为研究对象,房间的物理模型如图 6-10 所示。房间的尺寸为 5 m×3.5 m×2.8 m(长×宽×高),一门一窗位于南墙上。设实验房间内共有两张桌子和两个人,根据实际情况设两张桌子是污染物 TVOC 的主要散发源。室内温度为 18 ℃,送风方式为孔板送风,并且整个顶棚布满孔板。回风口为百叶风口,尺寸为 0.65 m×0.42 m(Z×Y),位于房间的西墙下方。桌子的尺寸为 0.7 m×0.4 m×0.6 m(长×宽×高)。

6.3.2.2 实验概况

为得出实际情况下室内污染物浓度分布规律,对实验房间内的污染物分布进行了测试。实验在图 6-10 所示的房间中距地面 1.0 m 处布置测点 5 个,其位置如图 6-11 所示。图 6-11 中将人和桌子简化成长方体,圆圈代表测试点。实验前在实验室内人为布置污染源,污染源采用建筑装修中常用的粘合剂涂在桌面上,则室内的两张桌子成为污染物 TVOC 的主要散发源。为了使室内污染物的浓度符合实际新装修建筑室内的一般水平,将污染源在室外放置约 1 小时,再放置室内约 6 小时,以使其污染物充分散发并均匀分布在室内。污染物释放过程中,实验室的门窗全部关闭,以防止人为的扰动。室内总挥发性有机物(TVOC)的浓度用 PpbRAE VOC 检测仪(PGM-7240X 型)检测,该设备的测试范围是 0~9 999 ppb,精度为 10%。

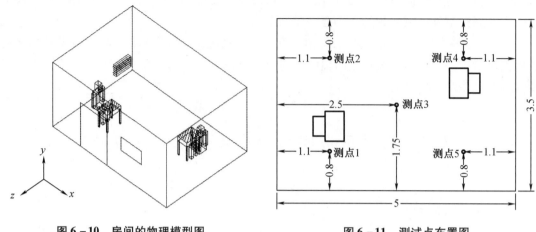

图 6-10 房间的物理模型图　　　　　图 6-11 测试点布置图

设置空调系统送风温度为 18℃,送风相对湿度为 36%,风量设置为 750 m³/h。开始送风时监测测点处的污染物浓度,当浓度发生变化时开始测量各测点的污染物浓度,本实验取各测点 5 s 内的污染物浓度的平均值作为实验结果。每组测试时间间隔为 60 s,共计测试 10~15 组。当室内污染物浓度随时间的变化不大时,停止测量,关闭实验仪器,关闭空调系统。

6.3.2.3　数学模型

本研究采用目前数值技术较成熟的湍流模型——$k-\varepsilon$ 二方程模型。划分网格时在 x、y、z 方向上网格的长度不大于 0.11 m,并在人体、桌子、风口附近进行加密,共生成 143 851 网格。然后采用控制容积法将控制方程在网格上离散,差分格式使用混合格式,求解算法为 SIMPLE 算法。

6.3.2.4　边界条件

在进行数值计算时,计算所需的边界条件和初始条件如下:

(1)精确的 CFD 模型可以对室内污染物浓度的分布进行全面的预测,风口模型的设定是影响计算精度的主要因素之一。孔板送风口的边界条件简化采用以下两种处理方法:模型一采用"N 点风口模型",即利用外形面积与原孔板风口相等的简单开口替换复杂孔板风口,以描述其入流边界条件,并保证入流的质量流量和动量流量与实际一致;模型二将孔板风口等效为一个简单开口,其面积与孔板风口的有效通过面积相等,这样可以确保入流的动量流量和质量流量与实际一致。

(2)在满足工作区温湿度和风速要求的基础上,房间送风量可取 750 m³/h,送风温度为 18 ℃。

(3)因为实验室建在室内,可忽略实验室围护结构内外的传热问题,模型中设定墙体为没有厚度的绝热墙体。

(4)室内空气中 TVOC 的初始浓度为 620 ppb。认为室内空气为干空气,室内空气初始温度 18 ℃。由于桌子散发污染物速率很小,短时间内对室内环境的影响较小,所以近似认为桌子散发污染物速率为 0。

6.3.3 计算结果与分析

6.3.3.1 两种模型不同时刻模拟结果的比较

图 6-12 为不同时刻两种模型模拟结果的比较,从图中可以看出:

(1)采用两种不同模型的模拟结果中,室内污染物浓度分布规律相近,其中测点 1 和测点 4 由于距离污染源较近浓度较高。由图 6-12 可以看出,采用模型一时同一时刻室内测点 2 的浓度最低,而采用模型二时测点 3 的浓度最低,其主要原因是模型二相对于模型一送风口尺寸减小了,使得模型二中的测点 3 刚好位于送风口的正下方,而测点 2 位于送风口的边缘处。

(2)同一时刻模型二所得室内污染物浓度较低,主要是因为模型二送风口较小,风速相对较大。模型二中测点 4 所处的位置位于浓度"死角"内,所以浓度偏高。

(3)送风 1 000 s 时,室内污染物浓度变化趋于稳定,两种模型模拟得到的室内污染物浓度基本相同,各测点 TVOC 浓度相差 1~2 ppb(ppb = 10^{-9})。

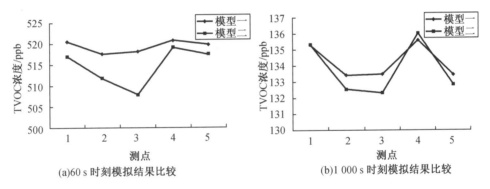

图 6-12 两种模型不同时刻的模拟结果的比较

6.3.3.2 各测点污染物浓度逐时变化情况

图 6-13 是采用两种模型时测点 1 和测点 3 污染物浓度逐时变化曲线,从图 6-13 中可以看出两曲线基本重合,浓度下降趋势完全相同,在大约第 900 s 时浓度变化曲线的斜率很小,室内 TVOC 浓度已趋于稳定。

6.3.3.3 Y 方向污染物浓度分布

孔板送风所形成的室内气流组织形式是典型的"活塞流",送风从上部空间逐渐向下推进,所以同一时刻距地面不同高度的测点上污染物浓度有较大差别,本研究取房间内测点 3 位置上距地面不同高度上的 5 个测点,分析同一时刻各测点的浓度值。

从图 6-14 y 方向浓度分布对比中可以看出:

(1)两种模型的模拟结果均表明,在送风初期,离地面距离越大,测点污染物浓度越低。采用模型二得出的各测点浓度随高度变化较大,60 s 时刻模型一最大与最小浓度值相差

20 ppb，模型二最大与最小浓度值相差 45 ppb。

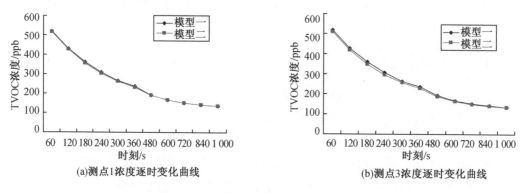

图 6-13　测点 1 和测点 3 浓度变化曲线

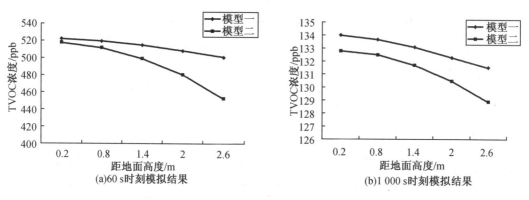

图 6-14　y 方向浓度分布对比

（2）随着送风时间的延长各测点的浓度差值逐渐减小，说明室内污染物浓度逐渐趋于均匀状态。

（3）距地面较近的测点污染物浓度随高度的变化并不大，而在距地面 1.4 m 以上的区域内高度会对污染物浓度产生很大影响，模型二表现得更加明显。这说明射流区污染物浓度变化较明显，在工作区污染物浓度较均匀。

6.3.3.4　速度场比较

图 6-15 是采用两种不同模型模拟时，室内（z=0.5 m 截面与 x=0.25 m 截面）的流线分布情况。

从图 6-15 中可以看出，采用不同简化模型进行数值模拟时，室内气流分布有很大的不同。采用模型一时室内气流分布均匀，送风口下的区域内流线近似平行，较为符合实际情况下的气流分布；采用模型二时，在出风口下的区域内流线近似平行，而在出风口的两侧气流分布出现漩涡，其中 z=0.5 m 截面左侧气流因为受到人的阻挡而出现一个很大的漩涡。正是由于两种模型模拟的室内气流分布的差异导致室内污染物的浓度分布有所不同。

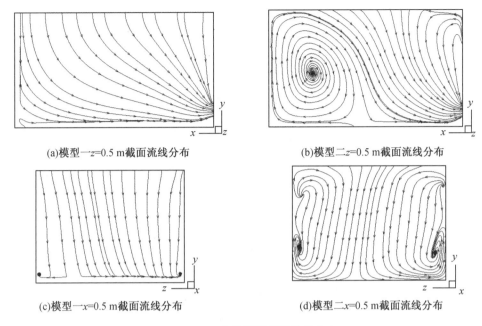

图 6-15 两种模型模拟的流线分布

6.3.3.5 数值模拟与实验结果的对比

数值模拟的结果表明,采用两种不同的简化模型进行模拟的结果相差不大,但是哪种模型的模拟结果更接近实际情况,还须通过实验来检验。

图 6-16 是将不同时刻的模拟值和实验值绘制在同一坐标系下的浓度分布曲线。

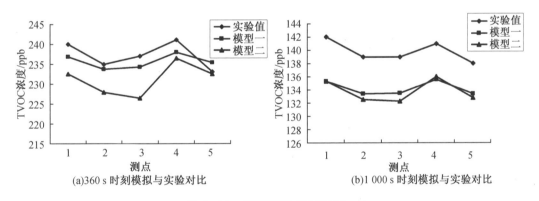

图 6-16 模拟值和实验值对比

通过图 6-16 中模拟值与实验值的对比,可以得出下述结论。

(1)模拟结果与实验结果显示的室内空气中污染物浓度分布规律符合较好,对于不同测点,两者在数值上存在 0.1%~15%的误差,从图中可以看出,测点 1 与测点 4 由于靠近污染源,TVOC 浓度比较高,测点 2 与测点 5 浓度较低,而测点 3 处于平均水平。

(2)第 1 000 s 时,室内 TVOC 浓度基本达到稳定,实验所测得的平均值(142 ppb)与模拟结果(137 ppb)有一定差别,但误差较小,进一步证实了用数值模拟的方法研究室内污染物分布特性的可行性。

（3）实验测得数据与采用模型一所得的计算结果更为接近，因为在实际情况中送风小孔均匀布满整个天花板，"N 点风口模型"利用外形面积与原孔板风口相等的简单开口替换复杂孔板风口，更符合实际情况，更适合进行孔板送风条件下污染物分布的数值研究。

6.3.4 结论

本研究通过实验测试与数值模拟的方法，得出了孔板送风条件下室内污染物浓度的分布规律。通过本研究的工作，得出的主要结论如下：

（1）孔板送风对室内污染物有明显的稀释作用。对于本研究中的空调房间，送风量为 750 m^3/h 时，房间开始送风 120 s 后人坐姿呼吸层上的污染物浓度已经降到了国家规定值 500 ppb 之下，送风 900 s 后，污染物浓度趋于稳定。

（2）模拟和实验结果表明，室内污染物浓度分布和送回风口、污染源的位置有很大关系，距离送风口较近的区域内污染物浓度较低，污染源及其周边的污染物浓度较高。

（3）孔板送风采用两种入流边界条件处理方法的模拟结果均和实验结果吻合较好，模型一的模拟结果更接近实验情况，因此建议采用模型一的"N 点风口模型"进行孔板送风条件下污染物分布的数值研究。

参考文献

[1] Airpak 3.0 User's Guide[EB/OL]. (2007-5-2)[2020-8-21]. https://www.doc88.com/p-3713759554525.html.

[2] 邹高万,贺征,顾璇. 黏性流体力学[M]. 北京:国防工业出版社,2013.

[3] 田瑞峰,刘平安. 传热与流体流动的数值计算[M]. 哈尔滨:哈尔滨工程大学出版社,2015.

[4] 李先庭,赵彬. 室内空气流动数值模拟[M]. 北京:机械工业出版社,2009.

[5] 陆亚俊,马最良,邹平华. 暖通空调[M]. 北京:中国建筑工业出版社,2007.

[6] 谭双,孙丽颖. 办公室应用辐射供暖加新风系统的气流组织研究[J]. 流体机械,2016,44(10):59-64.

[8] 孙丽颖,魏慧娇. 孔板送风房间内污染物分布的模拟与实验[J]. 哈尔滨工业大学学报,2011,48(8):1569-1573.